U0228754

编 委 会

高职高专项目导向系列教材

油品检验技术

温 泉　主编
潘振宇　副主编
王英健　主审

化学工业出版社
·北京·

本教材以项目为导向，共分7个学习情境，包括石油产品的认识、汽油检验技术、柴油检验技术、喷气燃料与煤油检验技术、润滑油与润滑脂检验技术、天然气与溶剂油检验技术、石油蜡与沥青检验技术。主要介绍测定方法、测定原理、测定步骤、测定结果处理、检验注意事项等。本教材选择典型、有代表性的实验，参考新的国家和行业标准，方便读者学习和应用。

本教材可作为高职高专工业分析、石油化工、炼油技术专业的教材，也可作为企业分析工作者的参考书。

图书在版编目（CIP）数据

油品检验技术/温泉主编 . —北京：化学工业出版社，
2012.8 （2024.8重印）

高职高专项目导向系列教材

ISBN 978-7-122-14915-2

Ⅰ. ①油… Ⅱ. ①温… Ⅲ. ①石油产品-检验-高等职
业教育-教材 Ⅳ. ①TE626

中国版本图书馆 CIP 数据核字（2012）第 166146 号

责任编辑：窦　臻　张双进　　　　　　　文字编辑：刘志茹
责任校对：宋　玮　　　　　　　　　　　装帧设计：刘丽华

出版发行：化学工业出版社（北京市东城区青年湖南街 13 号　邮政编码 100011）
印　　装：北京科印技术咨询服务有限公司数码印刷分部
787mm×1092mm　1/16　印张 8¾　字数 215 千字　2024 年 8 月北京第 1 版第 6 次印刷

购书咨询：010-64518888　　　　　　　　售后服务：010-64518899
网　　址：http://www.cip.com.cn
凡购买本书，如有缺损质量问题，本社销售中心负责调换。

定　　价：24.00 元

序

辽宁石化职业技术学院是于 2002 年经辽宁省政府审批，辽宁省教育厅与中国石油锦州石化公司联合创办的与石化产业紧密对接的独立高职院校，2010 年被确定为首批"国家骨干高职立项建设学校"。多年来，学院深入探索教育教学改革，不断创新人才培养模式。

2007 年，以于雷教授《高等职业教育工学结合人才培养模式理论与实践》报告为引领，学院正式启动工学结合教学改革，评选出 10 名工学结合教学改革能手，奠定了项目化教材建设的人才基础。

2008 年，制定 7 个专业工学结合人才培养方案，确立 21 门工学结合改革课程，建设 13 门特色校本教材，完成了项目化教材建设的初步探索。

2009 年，伴随辽宁省示范校建设，依托校企合作体制机制优势，多元化投资建成特色产学研实训基地，提供了项目化教材内容实施的环境保障。

2010 年，以戴士弘教授《高职课程的能力本位项目化改造》报告为切入点，广大教师进一步解放思想、更新观念，全面进行项目化课程改造，确立了项目化教材建设的指导理念。

2011 年，围绕国家骨干校建设，学院聘请李学锋教授对教师系统培训"基于工作过程系统化的高职课程开发理论"，校企专家共同构建工学结合课程体系，骨干校各重点建设专业分别形成了符合各自实际、突出各自特色的人才培养模式，并全面开展专业核心课程和带动课程的项目导向教材建设工作。

学院整体规划建设的"项目导向系列教材"包括骨干校 5 个重点建设专业（石油化工生产技术、炼油技术、化工设备维修技术、生产过程自动化技术、工业分析与检验）的专业标准与课程标准，以及 52 门课程的项目导向教材。该系列教材体现了当前高等职业教育先进的教育理念，具体体现在以下几点：

在整体设计上，摈弃了学科本位的学术理论中心设计，采用了社会本位的岗位工作任务流程中心设计，保证了教材的职业性；

在内容编排上，以对行业、企业、岗位的调研为基础，以对职业岗位群的责任、任务、工作流程分析为依据，以实际操作的工作任务为载体组织内容，增加了社会需要的新工艺、新技术、新规范、新理念，保证了教材的实用性；

在教学实施上，以学生的能力发展为本位，以实训条件和网络课程资源为手段，融教、学、做为一体，实现了基础理论、职业素质、操作能力同步，保证了教材的有效性；

在课堂评价上，着重过程性评价，弱化终结性评价，把评价作为提升再学习效能的反馈工具，保证了教材的科学性。

目前，该系列校本教材经过校内应用已收到了满意的教学效果，并已应用到企业员工培训工作中，受到了企业工程技术人员的高度评价，希望能够正式出版。根据他们的建议及实际使用效果，学院组织任课教师、企业专家和出版社编辑，对教材内容和形式再次进行了论证、修改和完善，予以整体立项出版，既是对我院几年来教育教学改革成果的一次总结，也希望能够对兄弟院校的教学改革和行业企业的员工培训有所助益。

感谢长期以来关心和支持我院教育教学改革的各位专家与同仁，感谢全体教职员工的辛勤工作，感谢化学工业出版社的大力支持。欢迎大家对我们的教学改革和本次出版的系列教材提出宝贵意见，以便持续改进。

辽宁石化职业技术学院　院长

2012 年春于锦州

前 言

　　油品检验技术是高职高专工业分析与检验专业一门重要的专业课，也是石油炼制、石油化工专业的专业课。本门课程实践性强，时代性强，方法、标准不断推陈出新，内容涉及汽油、柴油、喷气燃料与煤油、润滑油与润滑脂、天然气与溶剂油、石油蜡与沥青等石油产品的分析方法。因此，本教材以项目为导向，工作过程系统化，是按照高职高专教育相关专业培养目标以及"教学做一体"人才培养模式组织编写的，体现"实际、实践、实用"的原则，符合现代课程改革的要求。教材注重内容的科学性、先进性、实用性、应用性和综合性，突出培养技术应用型人才。本教材选择典型、有代表性的实验，参考新的国家和行业标准，结合我国油品分析现有仪器、设备、技术水平及实验室条件，适当介绍新方法与新仪器。测试手段包括基本理化性质的测定方法、条件测定方法、依据标准的测定方法，包括化学分析法和仪器分析法等，涉及石油、化工、冶金、轻工、建材等行业。

　　教材共分 7 个学习情境，包括石油产品的认识、汽油检验技术、柴油检验技术、喷气燃料与煤油检验技术、润滑油与润滑脂检验技术、天然气与溶剂油检验技术、石油蜡与沥青检验技术。主要介绍测定方法、测定原理、测定步骤、测定结果处理、注意事项等。原理浅显易懂，测定步骤清晰简练，问题简单明了，符合学生的认知水平和油品分析岗位对高职学生知识、能力、素质的要求。每个学习情境前进行描述以引出本情境的内容，每个情境设定的任务是本情境所涉及的石油产品基本指标的测定练习，知识链接有的放矢，实验过程注意安全和环保。

　　本教材由辽宁石化职业技术学院温泉主编，锦州石化公司潘振宇副主编，辽宁石化职业技术学院田凡、郭学本、于旭霞、晏华丹、张杰参加编写。辽宁石化职业技术学院王英健老师审稿并提出了宝贵的意见，在此表示由衷的谢意。

　　由于编者水平有限，可能出现疏漏和不当之处，敬请读者批评指正，提出宝贵建议，在此表示感谢。

编　者

2012 年 5 月

目 录

❖ **学习情境一 石油产品的认识** 1

　　任务　油品的取样 ……………… 1
　　【知识链接】 …………………… 3
　　　　一、石油及产品的认识 ……… 3
　　　　二、石油炼制的认识 ………… 8
　　　　三、石油产品检验的认识 …… 9
　　　　四、石油产品的取样方法 …… 12

❖ **学习情境二 汽油的检验技术** 16

　　任务一　乙醇汽油馏程的测定 … 16
　　任务二　乙醇汽油水溶性酸碱的测定 … 20
　　任务三　乙醇汽油硫醇硫的测定（电位滴定法） …………… 22
　　任务四　乙醇汽油硫醇定性的测定（博士试验法） ………… 26
　　【知识链接】 …………………… 28
　　　　一、汽油规格 ………………… 28
　　　　二、汽油的蒸发性 …………… 29
　　　　三、抗爆性 …………………… 33
　　　　四、腐蚀性 …………………… 35

❖ **学习情境三 柴油的检验技术** 38

　　任务一　柴油闪点的测定（闭口杯法） ………………… 38
　　任务二　汽油、柴油铜片腐蚀的测定 … 41
　　任务三　柴油运动黏度的测定 … 44
　　任务四　柴油凝点的测定 ……… 47
　　任务五　柴油冷滤点的测定 …… 49
　　任务六　柴油灰分的测定 ……… 52
　　【知识链接】 …………………… 54
　　　　一、柴油规格 ………………… 54
　　　　二、柴油的蒸发性 …………… 55
　　　　三、柴油的着火性 …………… 56
　　　　四、黏度 ……………………… 58
　　　　五、低温流动性 ……………… 60
　　　　六、清洁性 …………………… 61

❖ **学习情境四 喷气燃料及煤油的检验技术** 63

　　任务一　汽油、柴油、煤油密度的测定（密度计法） ……… 63
　　任务二　汽油、煤油、柴油酸度的测定 … 65
　　任务三　喷气燃料碘值的测定（碘-乙醇法） …………… 68
　　【知识链接】 …………………… 70
　　　　一、喷气燃料规格 …………… 70
　　　　二、喷气燃料的燃烧性 ……… 70
　　　　三、流动性 …………………… 76
　　　　四、腐蚀性 …………………… 77
　　　　五、安定性 …………………… 79

❖ **学习情境五 润滑油、润滑脂的检验技术** 81

　　任务一　汽油机油机械杂质的测定——称量法 …………… 81
　　任务二　汽油机油闪点和燃点的测定——克利夫兰开口杯法 …… 83
　　任务三　汽油机油苯胺点的测定 … 85
　　任务四　变压器油水分的测定 … 87
　　任务五　润滑油色度的测定 …… 89
　　【知识链接】 …………………… 91
　　　Ⅰ．润滑油部分 ………………… 91
　　　　一、内燃机油规格 …………… 91
　　　　二、内燃机油的黏度、黏温性 … 92
　　　　三、低温流动性 ……………… 96

四、清洁性 ················ 97
五、抗燃性 ················ 98
Ⅱ.润滑脂部分 ················ 98

一、润滑脂的组成与规格 ········ 98
二、润滑脂的检验方法 ········ 100

学习情境六 天然气、溶剂油的检验技术 102

任务一 天然气组成的测定（气相色
谱法） ·············· 102
任务二 溶剂油芳烃含量的测定 ······· 105
【知识链接】 ················ 107
Ⅰ.天然气部分 ················ 107
一、天然气规格 ·············· 107
二、天然气组成检验 ·········· 108
三、天然气中硫化氢含量的测定 ····· 109

四、天然气的其他指标检验 ····· 109
Ⅱ.溶剂油部分 ················ 110
一、溶剂油规格 ·············· 110
二、溶剂油溴指数检验 ········ 111
三、烃类溶剂贝壳松脂丁醇值的
检验 ·············· 111
四、溶剂油芳烃含量检验 ······ 112

学习情境七 石油蜡、沥青的检验技术 113

任务一 石蜡熔点的测定 ·········· 113
任务二 沥青软化点的测定 ········· 115
任务三 沥青延度的测定 ·········· 118
任务四 沥青针入度的测定 ········· 120
【知识链接】 ················ 123
Ⅰ.石油蜡部分 ················ 123
一、石油蜡规格 ·············· 123

二、熔点、滴熔点 ············ 124
三、石油蜡针入度 ············ 125
Ⅱ.石油沥青部分 ·············· 125
一、石油沥青规格 ············ 125
二、针入度 ················ 126
三、软化点 ················ 127
四、延度 ·················· 127

参考文献 128

学习情境一

石油产品的认识

情境描述：

目前石油化工已成为化学工业中的基干工业，在国民经济中占有极重要的地位。石油化工是指化学工业中以石油为原料生产化学品的领域，广义上也包括天然气化工。以石油及天然气生产的化学品种极多、范围极广。石油炼制生产的汽油、煤油、柴油、重油以及天然气是当前主要能源的供应者。石油化工提供的能源主要作汽车、拖拉机、飞机、轮船、锅炉的燃料，少量用作民用燃料。石油化工原料主要为来自石油炼制过程产生的各种石油馏分和炼厂气，以及油田气、天然气等。石油化工是高分子合成材料的主要提供者，还提供了绝大多数的有机化工原料，石油化工也是材料工业的支柱之一。

油品检验涉及以上各个生产环节和领域，从原料、生产、产品到使用都离不开石油产品的检验。对石油产品的种类、产品标准的认识及检验标准、取样方法、数据处理基本要求是油品检验技术重要的组成部分。

学习目标：

1. 理解石油产品的分类、标准、生产和用途；
2. 理解油品检验的标准，掌握数据处理的要求；
3. 掌握石油产品简单的取样方法。

任务　油品的取样

一、任务目标

1. 认识主要取样器具和油罐、装置上设置的取样口的位置的标识等；
2. 掌握液体、固体和气体的基本取样操作方法。

二、试剂与材料

取样器及带有测深锤的金属卷尺；带盖的金属容器（5～10L）或洗净干燥的塑料桶各3只；活塞式穿孔器或螺旋形钻孔器；橡皮球胆及符合 SH 0233—92 标准规定的液化石油气取样器；内径 10～15mm、长度为 1200～1400mm 的玻璃管或铜管；双阀型气体取样钢瓶，导管，不锈钢针阀，压力表等；吹风机；1000mL 广口试剂瓶。

三、实验步骤

1. 准备工作

① 与炼油厂油品车间或校办实习工厂联系取样事宜，选定取样部位。

② 取样知识和安全教育，取样者必须熟知取样步骤及安全注意事项。

③ 将试样容器洗涤干净，用吹风机进行干燥，并贴好标签。

2. 采集样品

① 按 GB/T 4756—98 方法，从柴油（或其他油品）罐中取液面下 1/6、1/2、5/6

处试样各一份，然后等体积混合成组合样（根据后续实验需要可多次采取，集成 5～10L）。

② 按 GB/T 4756—98 方法，采取脱水原油时间间歇样（在正常开工状况下每隔 30min 取样一次，共采 3 次，每次 2L，等体积混合成时间间歇样）。

③ 按 GB/T 4756—98 方法，用长玻璃管或铜管在润滑油桶中采取润滑油 1L。

④ 按 SH 0229—92 方法，用螺旋形钻孔器或活塞式穿孔器，采取润滑脂样 0.5～1kg。

⑤ 按 SH 0233—92 方法规定，在液化气球罐中采集液化石油气，如果条件不允许，可在液化气钢瓶中取样。

⑥ 按 GB/T 13609—92 方法规定，采集家用天然气管道中的天然气样品。

四、报告

1. 按实物绘出液体取样器和液化石油气取样器的示意图。

2. 报告所取油样（脱水原油、润滑脂、润滑油、柴油）的常温常压下性状（状态、颜色、气味）。

五、注意事项

1. 在油罐区及装置区取样应在当班操作工陪同下进行。

2. 采取的样品应当封好，防止污染，以备后用。

3. 严格遵守取样安全规定。

六、考核评价

油品取样的考核评价表

序号	考核项目	评分要素	配分	评分要点	扣分	得分	备注
1	油品取样	任务单	10	书写规范 工作原理明确 设计方案完整			
2		仪器准备	20	取样器 金属容器 塑料桶 橡皮球胆 双阀型气体采样取样钢瓶 广口试剂瓶			
3		取样操作	50	柴油罐中 取脱水原油时间间歇样 润滑油桶中 液化气球罐中 家用天然气管道中			
4		记录	10	记录无涂改、漏写 精密度			
5		综合素质	10	工作态度 团队合作 发现问题、分析问题、解决问题的能力			
		重大失误	−10	损坏仪器			
	总评		100				

考评教师： 年 月 日

【知识链接】

一、石油及产品的认识

1. 石油

又称原油，是从地下深处开采的棕黑色可燃黏稠液体。原油的颜色非常丰富，红、金黄、墨绿、黑、褐红，甚至透明，原油的颜色代表它所含胶质、沥青质的含量，越多颜色越深，原油的颜色越浅，其油质越好。原油的成分主要有：油质（主要成分）、胶质（一种黏性的半固体物质）、沥青质（暗褐色或黑色脆性固体物质）、碳质（一种非碳氢化合物）。

目前，就石油的成因有两种说法：①无机论，即石油是在基性岩浆中形成的；②有机论，即各种有机物如动物、植物等死后埋藏在不断下沉缺氧的海湾、泻湖、三角洲、湖泊等地，经过物理化学作用，最后逐渐形成为石油。

石油的性质因产地而异，密度为 $0.8 \sim 1.0 \mathrm{g/cm^3}$，黏度范围很宽，凝点差别很大（$30 \sim 60 \mathrm{℃}$），沸点范围为常温到 $500 \mathrm{℃}$ 以上，可溶于多种有机溶剂，不溶于水，但可与水形成乳状液。组成石油的化学元素主要是碳（$83\% \sim 87\%$）、氢（$11\% \sim 14\%$），其余为硫（$0.06\% \sim 0.8\%$）、氮（$0.02\% \sim 1.7\%$）、氧（$0.08\% \sim 1.82\%$）及微量金属元素（镍、钒、铁等）。碳氢化合物构成石油的主要组成部分，占 $95\% \sim 99\%$。含硫、氧、氮的化合物有害，在石油加工中，应尽量除去。不同产地的石油中，各种烃类的结构和所占比例相差很大，但主要属于烷烃、环烷烃和芳香烃 3 类。通常以烷烃为主的石油称为石蜡基石油；以环烷烃、芳香烃为主的称环烷基石油；介于二者之间的称中间基石油。我国主要原油的特点是含蜡较多，凝点高，硫含量低，镍、氮含量中等，钒含量极少。如大庆原油的主要特点是含蜡量高，凝点高，硫含量低，属低硫石蜡基原油。

2. 石油产品

石油产品都有相应的标准，是将石油及石油产品的质量规格按其性能和使用要求而规定的主要指标。石油产品标准包括产品分类、分组、命名、代号、品种（牌号）、规格、技术要求、检验方法、检验规则、产品包装、产品识别、运输、储存、交货和验收等内容。我国主要执行中华人民共和国强制性标准（GB）、推荐性国家标准（GB/T）、石油和石油化工行业标准（SH）和企业标准，涉外的按约定执行。我国石油产品标准和石油产品试验方法标准的主管机关是中国石油化工股份有限公司石油化工科学研究院。

我国参照采用国际标准 ISO/DIS 8681—1985，于 1987 年制订了新的石油产品分类标准《石油产品及润滑剂的总分类》，标准代号为 GB/T 498—1987。

该标准根据石油产品的主要特征和用途将石油产品划分为六大类，分类方法见表 1-1。

表 1-1　石油产品的总分类（GB/T 498—1987）

类别	各类别的含义	Designation
F	燃料	Fuels
S	溶剂和化工燃料	Solvents and raw materials for the chemical industry
L	润滑剂和有关产品	Lubricants, industrial oils and related products
W	蜡	Waxes
B	沥青	Bitumen
C	焦	Coke

（1）燃料 用来作为燃料的各种石油气体、液体、固体，统称石油燃料。石油燃料类分组方法按 GB/T 12692.1—2010《石油产品燃料（F 类）分类 第 1 部分：总则》分为 4 组，见表 1-2。

表 1-2 石油燃料分组类（GB/T 12692.1—2010）

组别代号	副 组	燃料类型
G		气体燃料：主要包括甲烷和/或乙烷组成的气体燃料
L		液化石油气：主要由丙烷、丙烯、丁烷和丁烯或混合组成的（高 C 少于 5%）的气体燃料
D	(L)(M)(H)	馏分燃料：由原油加工或石油气分离所得的主要来源于石油的液体燃料。轻质或中质馏分燃料中不含加工过程的残渣，而重质馏分可含有在调合、贮存和/或运输过程中引入的、规格标准限定范围内的少量残渣。具有高挥发性和很低闪点（闭口）的轻质馏分燃料要求有特殊的危险预防措施
R		残渣燃料：含有来源于石油加工残渣的液体燃料。规格中应限制非来源于石油的成分
C		石油焦：由原油或原料油深度加工，主要由碳组成的来源于石油的固体燃料

馏分燃料 D 组的副组说明：

副组（L）：与"轻质馏分"一同使用，表示沸点在 230℃以下、闪点（闭口）低于室温的石脑油及汽油。本副组通常应在文本中标识出来，以便强调采取适当措施预防危险。

副组（M）：与"中质馏分"一同使用，表示沸点接近 150～400℃，闪点（闭口）在 38℃以上的煤油及瓦斯油。

副组（H）：与"重质馏分"一同使用，表示含有大量的沸点在 400℃以上，闪点（闭口）超过 60℃的无沥青质的燃料和原料。

近年来，随着化工原料需求量的不断增大，石油燃料比例有所下降，例如，2010 年我国石油产品商品总量中石油燃料约占 67%，其中，发动机燃料（包括汽油、喷气燃料和柴油）约占 56%。

汽油是沸点范围为 30～205℃，可以含有适当添加剂的精制石油馏分，主要用作汽油机燃料，如摩托车、轻型汽车、快艇、小型发电机及活塞式发动机飞机等。商品汽油中添加有添加剂（如 MTBE），以改善使用和储存性能。在汽油机中，燃料是靠电火花点燃的，因此汽油机又称为点燃式发动机。我国汽油现按组成和用途不同，分为车用汽油（GB 17930—2011）、车用乙醇汽油（E10）（GB 18351—2010）和航空活塞式发动机燃料（GB 1787—2008）三种。地方也制定了车用汽油标准，如北京、上海、广东、甘肃等。车用汽油和车用乙醇汽油均按研究法辛烷值划分牌号。前者有 90 号、93 号和 97 号三个牌号；后者有 E10 乙醇汽油 90 号、E10 乙醇汽油 93 号和 E10 乙醇汽油 97 号三个牌号。现在国家制定了第五阶段的汽油、柴油标准，在硫含量、锰含量指标限值都有所降低，是建议性的要求。北京率先实行了 DB11/238—2012 车用汽油标准，又称为京 V 汽油标准。该标准符合国家制定的第五阶段车用汽油标准要求，并把车用汽油原牌号"90 号、93 号和 97 号"修改为"89 号、92 号和 95 号"三个牌号。航空活塞式发动机燃料按马达法辛烷值分为 75 号、95 号和 100 号三个牌号。由于活塞式航空发动机已不再发展，因而航空汽油在汽油产品中的比例逐年下降，目前只占国内汽油的很小部分。

用于压燃式发动机（简称柴油机）作能源的石油燃料称为柴油。我国柴油主要分为馏分型和残渣型两类，馏分型柴油机燃料即为普通柴油和车用柴油，前者适用于轿车、汽车、拖拉机、内燃机车、工程机械、船舶和发电机组等压燃式发动机；后者主要用于压燃式柴油发动机汽车。

我国普通柴油（GB 252—2011）均按凝点不同划分为七个牌号，即 10 号、5 号、0 号、－10 号、－20 号、－35 号和－50 号。车用柴油（GB 19147—2009）按凝点不同划分为六个牌号，即 5 号、0 号、－10 号、－20 号、－35 号和－50 号。其中，10 号普通柴油表示其凝点不高于 10℃。普通柴油和车用柴油产品标记由国家标准号、产品牌号和产品名称三部分组成，例如，－10 号普通柴油标记为 GB 252 －10 号普通柴油；－10 号车用柴油标记为 GB/T 19147－10 号车用柴油。不同牌号的普通柴油、车用柴油适用于不同的地区和季节。

喷气燃料主要用于喷气式发动机，如军用飞机、民航飞机等。其生产过程是以原油常减压蒸馏所得的常一线馏分经脱硫、碱洗后，加抗氧剂、抗磨剂和抗静电剂而成。

我国喷气燃料分为 5 个牌号。其中，1 号 [GB 438—1977（1988）] 适用于寒冷地区；2 号 [GB 1788—1979（1988）]、3 号（GB 6537—2006）适用于一般地区；3 号广泛用于国际通航，供出口和过境飞机加油，前 3 个牌号均可用于军用飞机和民航飞机；4 号（SH 0348—1992）馏分较宽（60～280℃），轻馏分较多，有利于启动点火，但不适于炎热地区，一般只用于军用飞机；高闪点喷气燃料（GJB 506A—1997）（馏程为 150～280℃，结晶点不高于－46℃，闪点不低于 60℃，含芳烃体积分数不高于 25%），专供海上舰载飞机使用。

石油焦（SH 0527—1992）是黑色或暗灰色的坚硬固体石油产品。它带有金属光泽，呈多孔性，是由微小的石墨结晶形成的粒状、柱状或针状结构的炭体物。石油焦通常由减压渣油经延迟焦化而制得，广泛用于冶金、化工等部门，用于制造石墨电极、化工生产的原料或燃料。

（2）润滑剂及有关产品　润滑剂是一类重要的石油产品，几乎所有带有运动部件的机器都需要润滑剂。润滑剂包括润滑油和润滑脂。

我国润滑剂和有关产品是根据 GB/T 7631.1—2008《润滑剂、工业用油和有关产品（L类）的分类　第 1 部分：总分组》，按用途（应用场合）进行分组的。该标准参照采用 ISO 7643/99—2002《润滑剂、工业用油和有关产品（L 类）的分类》而制定的，见表 1-3。

表 1-3　润滑剂和有关产品（L 类）分类（GB/T 7631.1—2008）

组别	应用场合	组别	应用场合
A	全损耗系统	P	风动工具
B	脱模	Q	热传导
C	齿轮	R	暂时保护防腐蚀
D	压缩机(包括冷冻机和真空泵)	T	汽轮机
E	内燃机	U	热处理
F	主轴、轴承和离合器	X	用润滑脂的场合
G	导轨	Y	其他应用场合
H	液压系统	Z	蒸汽气缸
M	金属加工		
N	电器绝缘		

我国内燃机油的性能分类按 GB/T 7631.3—1995《内燃机油分类》进行，该标准是参照 API 分类方法制定的。其使用性能按顺序逐级提高，依次反映了汽车发动机在不同年代，其性能、结构发展的不同要求，并依照内燃机热负荷、机械负荷大小及操作条件的缓和程度来划分类别。同时，参照采用 SAE（Society Automotive Engineers，美国汽车工程师协会）的黏度分类方法，又制定了 GB/T 14906—1994《内燃机油黏度分类》，它将内燃机油分为不同的级别。

目前，我国工业生产的内燃机油有如下各类，见表 1-4。

表 1-4 内燃机油分类（级）

分类方法	类（级）别	品　种
黏度分类	单级油	20、30、40、50、60、0W、5W、10W、15W、20W、25W
	多级油	5W/30、5W/40、10W/30、10W/40、15W/40、20W/40
性能分类	汽油机油	SC、SD、SE、SF、SG、SH、SJ
	柴油机油	CC、CD、CD-Ⅱ、CE、CF-4、CG-4
	汽、柴油机通用油	SD/CC、SE/CC、SF/CD、SH/CF-4
	船用柴油机油	船用气缸油　10TBN、40TBN、70TBN 中速机油　12TBN、25TBN
	铁路内燃机车机油	3代油、4代油
	二冲程汽油机油	ERA、ERB、ERC、ERD

　　内燃机油的黏度分类见表 1-5。表中只有单一黏度等级的油品，称为单级油。其中20、30、40、50、60表示油品在100℃时的黏度等级，即高温黏度等级，其数值并不是油品的黏度值，但与油品黏度有对应的关系。例如，20表示油品100℃时的运动黏度在5.6～9.3mm²/s范围内。带"W"的油品，如0W、15W等，表示冬（Winter）用，即低温黏度等级。例如，10W表示该类油品在-20℃时的动力黏度不大于3500mPa·s。不带"W"的油品，适用于夏季或非寒区。

表 1-5 内燃机油黏度分类（GB/T 14906—1994）

SAE黏度等级	低温最高黏度		泵送极限温度/℃ 不高于	运动黏度(100℃)/(mm²/s)	
	黏度/mPa·s	温度/℃		最小	最大
0W	3250	-30	-35	3.8	—
5W	3500	-25	-30	3.8	—
10W	3500	-20	-25	4.1	—
15W	3500	-15	-20	5.6	—
20W	4500	-10	-15	5.6	—
25W	6000	-5	-5	9.3	—
20	—	—		5.6	<9.3
30	—	—		9.3	<12.5
40	—	—		12.5	<16.3
50	—	—		16.3	<21.9
60	—	—		21.9	<26.1

　　一些油品既有高温黏度分级，又有低温黏度分级，故称为多级油，如5W/40、10W/30、10W/40等。由于多级油能同时满足高温黏度和低温黏度两个级别的要求，即在高温时能表现出足够大的黏度，在低温时又具有良好的流动性，因此适用于较宽的地区范围，不受季节限制。多级油利于节约能源，发展迅速。

　　(3) 溶剂和石油化工原料

　　① 溶剂油　溶剂油是对某些物质起溶解、稀释、洗涤和抽提作用的轻质石油产品。

　　溶剂油是由原油直馏轻质馏分经酸碱精制而得，或由催化重整产物经芳烃抽提后的抽余物再进行分馏、精制而成的产品，不含添加剂。溶剂油可分为三类：低沸点溶剂油，沸程为60～90℃；中沸点溶剂油，沸程为80～120℃；高沸点溶剂油，沸程为140～200℃，近年来广泛使用的油墨溶剂油，其干点可高达300℃。一般情况下，60～90℃称为抽提溶剂油，即人们常说的6号溶剂油；80～120℃称为橡胶溶剂油，即人们常说的120号溶剂油；140～

200℃称为油漆溶剂油，即 200 号溶剂油。此外，还有油墨溶剂油、干洗溶剂油等。国产溶剂油有三种：航空洗涤汽油〔SH 0114—1992（1998）〕、油漆及清洗用溶剂油〔GB/T 1992—2006〕和植物油抽提溶剂（GB 16629—2008），广泛用作精密机件清洗、香料及油脂抽提溶剂、化学试剂、医药溶剂、橡胶溶剂、油漆溶剂等。溶剂油的馏分很轻，是蒸发性很强的易燃品。

② 化工原料　包括苯类产品、石油气和中低沸点直馏馏分（如石脑油、普通柴油）。用来生产炔烃（乙炔）、烯烃（乙烯、丙烯、丁烯和丁二烯）、芳烃（苯、甲苯、二甲苯）及合成气等石油化工基础原料。

（4）石油蜡、石油沥青

① 石油蜡　石油蜡是由含蜡馏分油或渣油经加工精制而得到的一类石油产品。包括液体石蜡、凡士林（石油脂）、石蜡、微晶蜡（地蜡）和特种蜡 5 个系列。石油蜡在国民经济中有着重要的用途，广泛应用于轻工、化工、日用化学、食品、医疗、机械、电子、冶金等许多部门，见表 1-6。

表 1-6　我国石油蜡产品系列及主要品种举例

石油蜡产品系列	主要品种举例
液体石蜡	液体石蜡、重质液体石蜡
石蜡	粗石蜡、半精炼石蜡、全精炼石蜡、食品用蜡（含食品包装用蜡）、皂用蜡
微晶蜡（地蜡）	微晶蜡、食品用微晶蜡、电绝缘用微晶蜡
凡士林（石油脂）	普通凡士林、工业凡士林、电容器凡士林、医药凡士林、化妆用凡士林、食品用凡士林、绝缘用凡士林
特种蜡	调温器用蜡、电绝缘用蜡、橡胶防护用蜡、硬质合金蜡、农业用蜡、防锈用蜡、上光用蜡、炸药用蜡

液体石蜡是由原油蒸馏所得到的煤油或轻柴油馏分经尿素脱蜡或分子筛脱蜡分离而得到的正构烷烃。通常碳原子数为 8~18，由于其常温下呈液态，故称为液体石蜡或液蜡。主要适用于生产合成洗涤剂、化妆品、农药乳化剂、塑料增塑剂等。

石蜡是石油炼制的副产品，它是石油减压馏分经精制、脱蜡和脱油而得到的固态烃类。石蜡外观为白色或淡黄色的结晶体，主要以 C_{16}~C_{45} 的正构烷烃为主，此外还含有少量的异构烷烃、环烷烃和微量的芳香烃。商品石蜡一般为 C_{22}~C_{38}，沸点范围为 300~550℃，平均相对分子质量为 300~500。

石蜡用途极广，例如，半精炼石蜡和全精炼石蜡主要用于蜡烛用蜡（按季节和地区选用 52~62 号粗石蜡或半精炼石蜡制成）、火柴用蜡（用 52~58 号粗石蜡）、造纸及纸品加工用蜡（一般用半精炼石蜡）、文教用品用蜡（为使蜡纸不脆，书写流利，光泽好，常选用 70 号全精炼石蜡；复写纸则用 60 号半精炼石蜡）；食品用蜡主要用于食品保鲜、食品包装、化妆品和日用品等；皂用蜡大量用于生产脂肪酸和脂肪醇，以代替植物油脂来制备肥皂和洗涤剂。

微晶蜡是由减压渣油提炼润滑油时的脱出蜡，经脱油和精制后制得的微细晶体。其化学组成主要是异构烷烃，较少的正构烷烃和带长侧链的环烷烃及极少量带长侧链的芳烃，其碳链长度为 C_{35}~C_{80}，多数商品蜡为 C_{36}~C_{60}，平均相对分子质量为 500~800。

微晶蜡可用作润滑脂的稠化组分、制备仪表和密封用的烃基润滑脂、凡士林类的增稠剂、优质日用化工原料（如配制软膏、清凉油、润面膏、胭脂、防晒防裂膏、发蜡等），以及制造一系列特种蜡的基本原料和石蜡的改质剂（使石蜡更适于防水防潮、铸模、造纸等领域）等。

凡士林通常是以残渣润滑油料脱蜡所得的蜡膏为原料，按照不同稠度要求掺入不同量的润滑油，并经过精制后制成一系列产品。我国医药白凡士林约占48%，医药黄凡士林约占30%，工业凡士林约占21%，其他约占1%。

特种蜡是以石蜡和微晶蜡为基本原料，通过特殊加工或添加组分调合，可以制出适应特种性能和特定使用部位要求的特种蜡。

②石油沥青 石油沥青是以减压渣油为主要原料制成的一类石油产品，它是黑色固态或半固态黏稠状物质。石油沥青分为道路沥青（SH/T 0522—2010）、建筑沥青（GB/T 494—2010）、专用沥青和乳化沥青4个系列。石油沥青占石油产品总量的3%，主要用于道路铺设和建筑工程上，也广泛用于水利工程、管道防腐、电器绝缘、化工原料和油漆涂料等方面。近年来，采用一定的加工工艺，可由石油沥青制得碳素纤维、碳分子筛、活性炭、针状焦及具有特殊性能的黏结剂等材料。目前，我国石油沥青按性能要求和用途划分为4大系列多个品种，见表1-7。

表1-7 我国石油沥青产品系列及主要品种举例

石油沥青产品系列	主要品种举例
道路沥青	道路石油沥青、重交通道路石油沥青
建筑沥青	建筑石油沥青、防水防潮沥青、水工沥青
专用沥青	管道防腐沥青、油漆石油沥青、电池封口剂、电缆沥青、绝缘沥青
乳化沥青	阳离子乳化沥青

沥青按来源不同可分为天然沥青、矿沥青和原油生产的直馏沥青及氧化沥青四种。前两种是由天然矿物直接生产的沥青，后两种是石油经炼制加工生产的。原油分馏工艺中的减压蒸馏塔底抽出的重质渣油，即为直馏石油沥青。直馏石油沥青在270～300℃的温度下，吹入空气氧化可制成氧化石油沥青。

二、石油炼制的认识

从寻找石油到利用石油，大致要经过4个主要环节，即寻找、开采、输送和加工，这4个环节一般又分别称为"石油勘探"、"油田开发"、"油气集输"和"石油炼制"。

石油系统中分工是比较细的：物探专门负责利用各种物探设备并结合地质资料在可能含油气的区域内确定油气层的位置；钻井利用钻井的机械设备钻探出油井并录取该地区的地质资料；井下作业利用井下作业设备以录取该井的各项生产资料，或使该井正常产出原油或天然气并负责日后石油井的维护作业；采油在石油井的正常生产过程中录取石油井的各项生产资料并对石油井的生产设备进行日常维护；集输负责原油的对外输送工作；炼油将输送到炼油厂的原油按要求炼制出不同的石油产品如汽油、柴油、煤油等。

石油炼制主要生产过程如下。

(1) 原油的常减压蒸馏过程 原油按产品需要的馏分组成进行常压、减压蒸馏，它是石油加工的第一步。从原油中直接蒸馏得到的馏分称为直馏馏分。一般把原油中从常压蒸馏开始馏出的温度（也叫初馏点）到200℃（或180℃）之间的轻馏分称为汽油馏分，也称轻油或石脑油；常压蒸馏200（或180℃）～350℃之间的中间馏分称为柴油馏分，或称常压瓦斯油（简称AGO）；而＞350℃的则称为常压渣油或常压重油（简称AR）。由于一般原油从350℃开始即有明显的分解现象，所以对于沸点高于350℃的馏分必须在减压下蒸馏，要将减压下蒸出的馏分的沸点换算成常压沸点，一般把相当于常压下350～500℃的高沸点馏分称为减压馏分油或润滑油馏分油，或者也可以叫做减压瓦斯油（简称VGO），而减压蒸馏后残留的＞500℃的油称为减压渣油（简称VR）。

（2）裂化、焦化加工过程　热裂化和催化过程是以化学的方式改变油品的化学结构，增大原料的加工深度；裂化有三种不同的类型：一是热裂化，就是完全依靠加热进行裂化。热裂化的设备比较简单，成本比较低，裂化用的主要原料是减压塔生产中得到的含蜡油。通过热裂化，又可取得汽油、煤油、柴油等轻质油。但是，热裂化所得到的产品，其质量不够好。二是催化裂化，一般用减压馏分油、脱沥青油、焦化蜡油为原料。催化裂化比热裂化获得的轻质油多（汽油产率可达 60% 左右），而且产品的质量也比较好。三是加氢催化。在一定温度和氢压下，靠催化剂的作用，使重质原料油发生裂化、加氢、异构化等反应，生产各种轻质油品或润滑油料的二次加工方法。原料没有严格的要求，原油以至渣油都可以用；缺点是设备要用特种钢来制造，投资大。

焦化加工过程是将减压蒸馏剩余的含胶质较多的残油，通过焦化加工得到焦化馏出油和石油焦。

（3）重整加工过程　它是提高汽油质量和生产轻质芳烃的主要加工手段，为改质的加工过程。直馏汽油含直链烷烃多，性能不能满足要求，将直链烃类重新加工成为带侧链的烃类或环状的烃类。以石脑油为原料，在催化剂和氢气作用下进行的重整过程，用于生产芳烃或高辛烷值的汽油。

（4）油品的精制　包括脱沥青、溶剂精制、溶剂脱油、脱蜡，加氢和电化学精制。如：直馏汽油、柴油等油品，由于含有硫化物，会产生腐蚀性，必须经过精制才能使用；从减压塔得到的各种润滑油，也只是半成品，同样必须通过精制才能成为合格产品；各种直馏的或二次加工的油，靠加氢方法来脱除硫、氮、氧、金属等杂质，即为加氢精制。

（5）化工生产过程　以炼厂气和石油芳烃为原料，通过不同的化学加工手段，制取不同性能的多种石油化工产品。

（6）油品的调合过程　根据产品的质量要求，进行油品的组分及添加剂调合。其一，不同来源的油品按一定比例混合，如催化裂化汽油和重整汽油调合成高辛烷值汽油，常减压柴油和催化裂化柴油调合成高十六烷值柴油；其二，在油品中加入少量称为"添加剂"的物质，使油品的性质得到较明显的改善，如加抗氧剂改善燃料油的抗氧化性能。

原油加工方案要考虑市场需要、经济效益、投资力度、原油的特性等。通常主要从原油特性的角度来讨论。原油加工大体上可以分为三种基本类型方案：

① 燃料型：主要产品是用作燃料的石油产品。

② 燃料-润滑油型：除了生产用作燃料的石油产品外，部分或大部分减压馏分油和减压渣油还被用于生产各种润滑油产品。

③ 燃料-化工型：除了生产燃料产品外，还生产化工原料及化工产品，例如某些烯烃、芳烃、聚合物的单体等。

胜利油田的原油是含硫中间基原油，多采用燃料型加工方案，见图 1-1。

根据大庆油田的原油及其直馏产品的性质，可选择燃料-润滑型加工方案，见图 1-2。

三、石油产品检验的认识

1. 油品检验的任务

油品检验是指用统一规定或公认的试验方法，分析检验石油和石油产品的理化性质和使用性能的试验过程。

油品检验技术是建立在化学分析技术、仪器分析技术基础之上，以成品油、润滑油、润滑脂、天然气、石油蜡、石油沥青等石油产品的性能指标、分类、用途、质量要求为重点，学习油品主要使用性能的检验方法、训练操作技能的一门课程。

油品检验的任务是检验油品质量、评定油品使用性能、对油品质量进行仲裁、为制定加

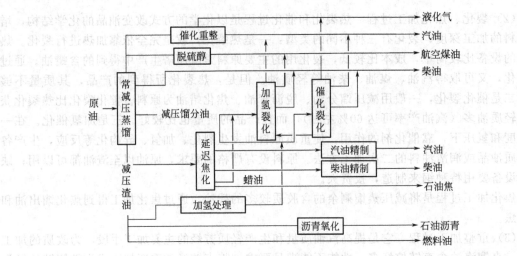

图 1-1 胜利油田的原油加工方案

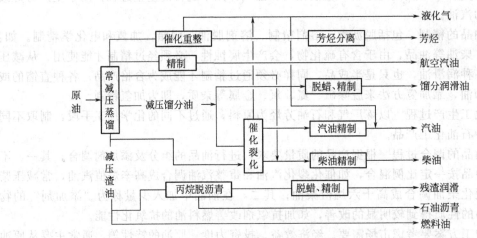

图 1-2 大庆油田原油加工方案

工方案提供基础数据、为控制工艺条件提供数据。

2. 油品检验方法标准

石油产品试验多为条件性试验，为方便使用和确保贸易往来中具有仲裁和鉴定时的法律约束力，必须制定一系列的分析方法标准，即试验方法标准。试验方法标准包括适用范围、方法原理、使用仪器、材料、试剂、测定条件、试验步骤、结果计算、精密度等技术规定。根据标准的适应领域和有效范围分为以下三类。

（1）国际标准 指国际标准化组织（ISO）所制定的标准及其所公布的其他国际组织制定的标准。它是由共同利益国家间合作与协商制定的，被大多数国家所承认的，具有先进水平的标准。

（2）地区标准 指世界某一区域标准化团体所通过的标准。通常提到的地区标准，主要是指原经互会标准化组织、欧洲标准化委员会、非洲地区标准化组织等地区组织所制定和使用的标准。地区标准化组织，如 PASC 太平洋地区标准会议、CEN 欧洲标准委员会、ASAC 亚洲标准咨询委员会、ARSO 非洲地区标准化组织、AOW 亚洲大洋洲开放系统互联研讨会、ASEB 亚洲电子数据交换理事会、CENELEC 欧洲电工标准化委员会、EBU 欧洲广播联盟等。

（3）国家标准　在全国范围内统一技术要求而制定的标准，是由国家指定机关制定，颁布实施的法定性文件。例如，我国石油产品国家标准是由国务院标准化行政主管部门指派中国石油化工股份有限公司石油化工科学研究院组织制定，在 1988 年以前由国家标准局颁布实施；1990 年后依次改由国家技术监督局、国家质量技术监督局、中华人民共和国国家质量监督检疫检验总局发布实施；目前由中华人民共和国国家质量监督检验检疫总局和国家标准化管理委员会联合发布实施。石油产品国家标准分为强制性标准和推荐性标准。

国家标准号前都冠以不同字头。例如，我国用 GB 表示，美国用 ANSI、英国用 BSI、德国用 DIN、日本用 JIS、俄罗斯用 гост 等。中国标准包括国家标准在内共四级，其他三级分别如下。

① 行业标准　是指有关各行业发布实施的标准。在无现行国家标准而又需要在全国行业范围内统一技术要求时，要制定行业标准。行业标准由国务院有关行政主管部门制定，并报国务院标准化行政部门备案，如中国石油化工股份有限公司标准用 SH。行业标准也分为强制性标准和推荐性标准。

② 国外先进行业标准有美国材料与试验协会标准 ASTM、英国石油学会标准 IP 和美国石油学会标准 API。它们都是世界上著名的专业标准，是各国分析方法靠拢的目标。

③ 企业标准　在没有相应的国家或行业标准时，企业自身所制定的试验方法标准。企业标准需报当地政府标准化行政主管部门和有关行政主管部门备案。企业标准不得与国家标准或行业标准相抵触。为了提高产品质量，企业标准可以比国家标准或行业标准更为先进。

石油产品试验方法属技术标准中的方法标准。我国石油产品试验方法编号意义如下：编号的字母（汉语拼音）表示标准等级，带有 T 的为推荐性标准，无 T 的为强制性标准，中间数字为标准序号，末尾的二位或四位数字为审查批准年号，批准年号后面若有括号时，括号内数字为该标准进行重新确认的年号。例如

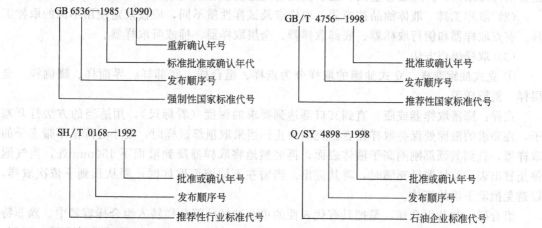

3. 油品检验结果报告

通常，油品检验的精密度用重复性和再现性表示。

（1）重复性（r）　是指在相同的试验条件下（同一操作者、同一仪器、同一实验室），在短时间间隔，按同一方法对同一试验材料进行正确和正常操作所得独立结果在规定置信水平（95％置信度）下的允许差值。

即在重复条件下，取得的两个结果之差小于或等于 r 时，则认为结果合格；否则，大于 r 时，则两个结果都应认为可疑。

此时，至少要取得 3 个以上结果（包括最先两个结果），然后计算最分散结果和其余结果的平均值之差，将其差值与方法要求的 r 值比较，若差值小于或等于 r 值，则认为其结果

有效，取它们的平均值作检验结果；反之若超差，则舍弃最分散的数据，再重复上述方法，直至得到一组可接受的结果为止。但是，在 20 个以下的结果中，如果舍弃两个或更多结果时，就应检查操作方法和仪器的工作情况。

（2）再现性（R）　是指在不同试验条件（不同操作者、不同仪器、不同实验室），按同一方法对同一试验材料进行正确和正常操作所得单独的试验结果，在规定置信水平（95% 置信度）下的允许差值。

当两个实验室得到的结果，其差值小于或等于 R 时，则认为这两个结果是可接受的，可取这两个结果的平均值作为测定结果；否则，两者均可疑。

四、石油产品的取样方法

1. 石油和液体石油取样

液体石油产品的取样方法标准有 GB/T 4756—1998《石油液体手工取样法》，该方法等效采用国际标准 ISO 3170—1988《液体石油取样法》。此外还有行业标准 SH/T 0635—1996《液体石油产品取样法（半自动法）》。

GB/T 4756—1998《石油液体手工取样法》规定了用手工法从固定油罐、铁路罐车、公路罐车、油船和驳船、桶和听、或者从正在运输液体的管线中获得液态烃、油罐残渣和沉淀物样品的方法。要求这些油罐（船、桶、听等）中贮存或管线中运输样品处于常压或接近常压，并且油品在从环境温度到 100℃ 之间应为液体。

（1）试样容器　试样容器是用于贮存和运送试样的接收器，应该有合适的帽、塞子、盖或阀。其容量通常为 0.25～5L，但当需要进行特殊试验，或试样量增加，或者是需要划分成小样等情况时，可以使用更大的容器。

使用的容器必须不渗漏油品，并且能耐溶剂。必须具有足够的强度，能承受可能产生的正常的内部压力，并应足够坚固，能承受正常的处置。有玻璃瓶、油听、塑料瓶。

（2）取样工具　液体油品按容器、取样点及试样性质不同，应按规定使用不同的取样工具。有点取样器和例行取样器、底部取样器、全层取样器、桶或听取样器。

（3）取样操作方法

① 立式油罐取样　立式油罐的取样分为点样、组合样、底部样、界面样、罐侧样、全层样、例行样等。

点样：降落取样器或瓶，直到其口部达到要求的深度（看标尺），用适当的方法打开塞子，在要求的液面处保持取样器直到充满为止。当采取顶部试样时，要小心降落不带塞子的取样器，直到其颈部刚刚高于液体表面，再突然地将取样器降到液面下 150mm 处，当气泡停止冒出表示取样器已充满时，将其提出。当需在不同液面取样时，要从顶到下依次取样，以避免搅动下面的液体。

组合样：制备组合样，是把具有代表性的单个试样的等分样转入组合样容器中。除非特殊要求、有特殊规定或者是经过有利害关系的团体同意，才制备用于试验的组合样。否则，就应对单个点试样进行试验，然后由单个试样结果和每个试样所代表的数量按比例计算整体的试验值。

底部样：降落底部取样器，将其直立地停在油罐底上，提出取样器之后，如果需要将其内含物转移至试样容器时，要注意正确地转移全部试样，其中包括会黏附到取样器内壁上的水和固体等。

界面样：降落打开的取样器，使液体通过取样器冲流，到达要求液面后，关闭阀，提出取样器。若使用透明的管子，可以通过管壁目视确定界面的存在，然后根据量油尺的量值确定界面在油罐内的位置。检查阀是否正确关闭，否则要重新取样。

罐侧样：取样阀应装到油罐的侧壁上，与其连接的取样管至少伸进罐内150mm。下部取样管应安装在出口管的底液面上。如果罐内油品液面低于上部取样管时，油罐取样如下：若油液面靠近上部取样管时，从中部取样管采取2/3试样，从下部取样管采取1/3试样；若油品液面靠近中部取样管时，从中部取样管采取1/2试样，从下部取样管采取1/2试样；若油品液面低于中部取样管时，从下部以样管采取全部试样。

全层样：取样器在通过油品降落和提升时取得试样。

例行样：以匀速将加重的取样瓶或笼子从油品表面降到罐底，并再提出油品表面，不能在任何点停留。当从油品中抽出取样瓶时，瓶内应充入大约75％的油品，但不能超过85％。

② 卧式油罐取样 其采取点样的方法与立式油罐相同，但必须按油品深度的不同，在指定部位取样（见表1-8）；需制备组合样时，要按比例进行混合。

表1-8 卧式圆筒形油罐的取样

液体深度（直径的百分数）	取样液面(罐底上方直径的百分数)			组合样(比例的份数)		
	上部	中部	下部	上部	中部	下部
100	80	50	20	3	4	3
90	75	50	20	3	4	3
80	70	50	20	2	5	3
70		50	20		6	4
60		50	20		5	5
50		40	20		4	6
40			20			10
30			15			10
20			10			10
10			5			10

③ 油船或驳船的取样 油船的装载容积一般划分若干个大小不同的舱室。采取点样时，应考虑油品在整个高度上的体积分布。对于装载相同油品的油船，也可按GB/T 4756—1998中规定的方法进行随机取样。

④ 油罐车取样 把取样器降到罐内油品深度的1/2处，以急速动作拉动绳子，打开取样器的塞子，待取样器内充满油后，提出取样器。对于整列装有相同石油或液体石油产品的油罐车，也可按GB/T 4756—1998中规定的方法进行随机取样，但必须包括首车。

⑤ 桶或听取样 取样前，将桶口或听口向上放置。如果需要测定水或其他不溶污染物时。让桶或听保持此位置足够长的时间，以使污染物沉淀下来。打开盖子，放在桶口或听口旁边，粘油的一面朝上。用拇指封闭清洁、干燥的取样管的上端，把管子插进油品中约300mm深，移开拇指，让油品进入取样管。再用拇指封闭上端，抽出取样器。水平持管，润洗内表面。要避免触摸管子已浸入油品中的部分，舍弃并排净管内的冲洗油品。

取样时，用拇指封闭住已洗净的取样管上端，将管子插进油品中（若取全程样时，要敞开管子上端），当管子达到底部时，移开拇指，让管子进满油，再用拇指封闭顶端，迅速提出管子，把油品转入试样容器中，然后封闭试样容器，放回桶盖，拧紧。对容量少于20L的听装容器，用其全部内含物作为试样。

⑥ 管线取样 管线样分为流量比例样和时间比例样两种。推荐使用流量比例样，因为它和管线内的流量成比例。取样前，应放出一些要取样的油品，把全部取样设备冲洗干净。然后把试样收集在试样容器内。采取高倾点试样时，要注意线路保温，防止油品凝固。采取挥发性试样时，要防止轻组分损失，必要时要使用在线冷却器。取样时，应按表1-9中的规定从取样口采取流量比例样，而且要把所采取的试样以相等体积掺和成一份组合样。

时间比例样，可按表 1-10 中的规定从取样口采取试样，并把所采取的试样以相等的体积掺和成一份组合样。

表 1-9　管线流量比例样取样规定

输油数量/m³	取样规定
≤1000	在输油开始时(指罐内油品流到取样口时)和结束时(指停止输油前 10min)各一次
1000～10000	在输油开始时 1 次，以后每隔 1000m³，取样 1 次
>10000	在输油开始时 1 次，以后每隔 2000m³，取样 1 次

表 1-10　管线时间比例样取样规定

输油时间	取样规定	输油时间	取样规定
≤1h	在输油开始时和结束时各 1 次	2～24h	开始时 1 次，以后每隔 1h 1 次
1～2h	在输油开始时，中间和结束时各 1 次	>24h	开始时 1 次，以后每隔 2h 1 次

2. 固体和半固体油品的取样

石油产品中的固体和半固体产品的取样方法应遵循行业标准 SH/T 0229—1992（2004）。

（1）采取试样的工具

① 采取膏状或粉状的石油产品试样时，使用螺旋形钻孔器或活塞式穿孔器。

② 采取固体石油产品试样时，使用刀子（用于可熔化的石油产品）或铲子（用于不能熔化的石油产品）。

（2）采取可熔性固体石油产品试样的方法

① 装在容器中的可熔性固体石油产品，要按包装容器总件数的 2%（但不应少于两件）采取试样。取出的试样要以大约相等的体积制成一份平均试样。

② 将执行取样的大桶立起，使顶盖朝上，用抹布将顶盖擦净，再小心地将顶盖取下，使顶盖的内表面朝上并放置在桶旁。然后从石油产品表面刮掉直径至 200mm、厚度约 10mm 的一层，利用灼热的刀子割取一块约 1kg 重的试样。

将执行取样的木箱放好，使盖子朝上，用抹布将盖子擦净，再将盖子取下；对于装在袋中的石油产品，将袋子打开，然后在每一箱或袋中取出一块试样。

③ 从每块试样的上、中、下部分割取 3 块体积大约相等的小块试样。

④ 将割取的小块试样装在一个清洁、干燥的容器中，交给实验室去进行熔化，搅拌均匀后注入铁模。

（3）采取粉末状石油产品试样的方法

① 包装中的粉末状石油产品，要按袋子总件数的 2% 或按小包总件数的 1%（但不应少于两袋或两包）采取试样，取出的试样要以相等体积掺成一份平均试样。

② 从袋子或小包中取样时，将穿孔器插入石油产品内，使穿孔器通过整个粉层，随后将袋或包的缺口堵塞。将取出的试样装入一个清洁、干燥的容器中，并搅拌均匀。

3. 石油沥青取样法

石油沥青作为一类产品具有其特殊性，其取样方法在 GB/T 11147—1989 中有明确的规定。为检查沥青质量，装运前在生产厂或贮存地取样；当不能在生产厂或贮存地取样时，在交货地点当时取样。

（1）样品数量要求

① 液体沥青样品量　常规检验样品取样为 1L（乳化石油沥青取样为 4L）；从贮罐中取样为 4L。

② 固体或半固体样品量　取样量为 1～1.5kg。

（2）取样方法

① 从沥青贮罐中取样　由不能搅拌的贮罐（流体或经加热可变成流体）中取样时，应先关闭进料阀和出料阀，然后取样。用取样器按液面高的上、中、下位置（液面高各 1/3 等分内，但距罐底不得小于液面高的 1/6），各取样 1～4L。取样器在每次取样后尽量倒净。从罐中取的 3 个样品，经充分混合后取 1～4L 进行所要求的检验。从有搅拌设备的罐中取样（流体或经加热可变成流体的沥青），经充分搅拌后由罐中部取样。

② 从槽车、罐车、沥青洒布车中取样　当车上设有取样阀或顶盖时，则可从取样阀或顶盖处取样。从取样阀取样至少应先放掉 4L 沥青后取样；从顶盖处取样时，用取样器由该容器中部取样；从出料阀取样时，应在出料至约 1/2 时取样。

③ 从油轮和驳船中取样　在卸料前取样时，按罐中取样所述的方法。在装料或卸料中取样时，应在整个装料或卸料过程中，时间间隔均匀地取至少 3 个 4L 样品，将这些样品充分混合后再从中取出 4L 备用。

④ 半固体或未破碎的固体沥青的取样　从桶、袋、箱中取样应在样品表面以下及容器侧面以内至少 5cm 处采取。若沥青是能够打碎的，则用干净的适当工具打碎后取样；若沥青是软的，则用干净的适当工具切割取样。

4. 天然气取样方法

天然气的取样是用适当的方法，将气流从气源导入经过清洗的样品容器中，以获得有代表性的试样。取样过程应遵循 GB/T 13609—1992 规定的技术要求和取样条件。

常用的取样方法有吹扫法、抽空容器法和封液置换法。

学习情境二

汽油的检验技术

情境描述：

汽油作为引擎的一种重要燃料，是四碳至十二碳复杂烃类的混合物。汽油为用量最大的轻质石油产品之一，我国汽油产出率达 20%。汽油是由石油分馏或重质馏分裂化制得，根据制造过程可分为直馏汽油、热裂化汽油、催化裂化汽油、重整汽油、焦化汽油、叠合汽油、加氢裂化汽油、裂解汽油和烷基化汽油、合成汽油等。根据用途可分为航空汽油、车用汽油、溶剂汽油三大类。汽油主要用作汽油机的燃料，广泛用于汽车、摩托车、快艇、直升机、农林业用飞机等。溶剂汽油则用于橡胶、油漆、油脂、香料等工业，还可以溶解油污等水无法溶解的物质，可以起到清洁油污的作用。汽油作为有机溶液，还可以做为萃取剂使用，目前作为萃取剂最广泛的应用为国内大豆油主流生产技术：浸出油技术。浸出油技术操作方法为将大豆在 6 号轻汽油中浸泡后再榨取油脂，然后经过一系列加工过程后形成大豆食用油。

汽油最重要的性能为蒸发性、抗爆性、安定性和腐蚀性。国家对车用汽油有严格的标准，它不仅要求汽油有一定的辛烷值（俗称汽油标号），同时对汽油各种化学成分的含量都有严格的规定。汽油质量直接影响人们的生活质量，涉及经济、安全、环保等很多领域。

学习目标：

1. 理解汽油的牌号、主要技术指标和用途；
2. 掌握汽油的主要技术指标的检验方法和原理；
3. 掌握汽油检验常用仪器的性能、使用方法和测定注意事项。

任务一　乙醇汽油馏程的测定

一、任务目标

1. 解读汽油馏程的测定标准（GB/T 6536—2010）；
2. 掌握车用乙醇汽油馏程测定的操作技能；
3. 掌握车用乙醇汽油馏程测定结果的修正与计算方法。

二、仪器与试剂

1. 仪器

石油产品蒸馏器；蒸馏烧瓶（125mL，1 个）；冷凝器和冷浴（冷凝管为铜管制成，长为 560mm，冷凝管内长约为 390mm；冷浴体积至少能容纳 5.5L 冷却介质）；金属罩或围屏；加热器（电加热器要在 0～1000W 内可调节）；蒸馏烧瓶支架和支板（若采用电加热，准备带有直径为 38mm 中心孔的石棉支板 1 块）；量筒（100mL，1 个；5mL，1 个）；温度计（棒状 0～300℃，1 个；棒状 0～100℃，1 个）；秒表（1 块）。

2. 试剂及材料

93 号车用乙醇汽油；拉线（细绳或铜丝）；吸水纸（或脱脂棉）；无绒软布。

三、试验步骤

1. 准备工作

（1）取样 将试样收集在已预先冷却至 0～10℃ 的取样瓶中，并弃去第一次收集的试样。操作时，最好将取样瓶浸在冷却液体中；若不能，则应将试样吸入已预先冷却的取样瓶中（抽吸时，要避免试样搅动）。然后，立即用塞子紧密塞住取样瓶，并将试样保存在冰浴或冰箱中。

（2）仪器的准备 选择蒸馏仪器，并确保蒸馏烧瓶、温度计、量筒和 100mL 试样冷却至 13～18℃，蒸馏烧瓶支板和金属罩不高于室温。

（3）冷浴的准备 采取措施，使冷浴温度维持在 0～1℃。冷浴介质的液面必须高于冷凝器最高点。可以采取循环或吹风等措施，来维持冷浴温度均匀。

（4）擦洗冷凝管 用缠在拉线上的一块无绒软布擦洗冷凝管内的残存液。

（5）安装取样瓶温度计 用一个打孔良好的软木塞或聚硅氧烷橡胶塞，将温度计紧密装在取样瓶颈部，并保持试样温度为 13～18℃。

（6）装入试样 用量筒取 100mL 试样，并尽可能地将试样全部倒入蒸馏瓶中。如试样预期会出现不规则沸腾（突沸），可加入少量沸石。

（7）安装蒸馏温度计 用软木塞或聚硅氧烷橡胶塞，将温度计紧密装在蒸馏烧瓶的颈部，水银球位于蒸馏烧瓶颈部中央，毛细管低端与蒸馏烧瓶支管内壁底部最高点齐平。

（8）安装冷凝管 用软木塞或聚硅氧烷橡胶塞，将蒸馏烧瓶支管紧密安装在冷凝管上，蒸馏烧瓶要调整至垂直，蒸馏烧瓶支管伸入冷凝管内 25～50mL。升高及调整蒸馏烧瓶支板，使其对准并接触蒸馏烧瓶底部。

（9）安装量筒 将取样的量筒不经干燥，放入冷凝管下端的量筒冷却浴内，使冷凝管下端位于量筒中心，并伸入量筒内至少 25mL，但不能低于 100mL 刻线。用一块吸水纸或脱脂棉将量筒盖严密，这块吸水纸剪成紧贴冷凝管。

（10）记录室温和大气压力。

2. 加热

将装有试样的蒸馏烧瓶加热，并调节加热速度，保证开始加热到初馏点的时间为 5～10min。

3. 控制蒸馏速度

观察记录初馏点后，如果没有使用接收器导向装置，则立即移动量筒，使冷凝管尖端与量筒内壁相接触，让馏出液沿量筒内壁流下。调节加热，使从初馏点到 5％ 回收体积的时间为 60～100s；从 5％ 回收体积到蒸馏烧瓶中 5mL 残留物的冷凝平均速率是 4～5mL/min。当在蒸馏烧瓶中的残留液体约为 5mL 时，再调整加热，使此时到终馏点的时间不超过 5min。

4. 观察和记录

对汽油要求记录初馏点、终馏点和 5％、15％、85％、95％ 回收体积分数及从 10％～90％ 每 10％ 回收体积分数的温度计读数。根据所用的仪器，记录量筒中液体体积，要精确到 0.5mL（手工）或 0.1mL（自动），记录温度计读数，要精确至 0.5℃（手工）或 0.1℃（自动）。

5. 观察记录终馏点，并停止加热

在冷凝管有液体滴入量筒时，继续观察记录，每隔 2min 观察一次冷凝液体积，直至相继两次观察的体积一致为止。精确地测量体积，并记录。根据所用的仪器，精确至 0.5mL

（手工）或 0.1mL（自动），报告为最大回收体积分数。如果出现分解点（即蒸馏烧瓶中液体开始呈现热分解时的温度，此时出现烟雾，温度波动，并开始明显下降）而预先停止了蒸馏，则从 100％减去最大回收体积分数，报告此差值为残留量和损失，并省去步骤6。

6. 量取残留体积分数

待蒸馏烧瓶冷却后，将其内容物倒入 5mL 量筒中，并将蒸馏烧瓶悬垂于量筒之上，让蒸馏瓶排油，直至量筒液体体积无明显增加为止。记录量筒中的液体体积，精确至 0.1mL，作为残留体积分数。

7. 计算损失体积分数

最大回收体积分数和残留体积分数之和为总回收体积分数。从 100％减去总回收体积分数，则得出损失体积分数。

四、计算和报告

1. 记录要求

对每一次试验，都应根据所用仪器要求进行记录，所有回收体积分数都要精确至 0.5％（手工）或 0.1％（自动），温度计读数精确至 0.5℃（手工）或 0.1℃（自动）。报告大气压力精确至 0.1kPa（1mmHg）。

2. 进行大气压力修正

温度计读数按式（2-5）或式（2-7）修正到 101.3kPa，并将修正结果修约至 0.5℃（手工）或 0.1℃（自动）。报告应包括观察的大气压力和说明是否已进行了大气压力修正。

3. 修正最大回收体积分数

按式（2-6）进行计算。

4. 计算修正后的蒸发温度

按式（2-7）计算 10％、50％和 90％蒸发温度。

五、精密度

按下述规定判断试验结果的可靠性（95％置信水平）。

1. 重复性

同一操作者重复测定的两个结果之差不应大于表 2-1（手工）或表 2-2（自动）中所示的数据。

2. 再现性

不同操作者测定的两个结果之差不应大于表 2-1（手工）或表 2-2（自动）中所示的数据。

表 2-1　汽油手工蒸馏的重复性和再现性

蒸发点（或回收点）	重复性 r	再现性 R	蒸发点（或回收点）	重复性 r	再现性 R
初馏点	3.3	5.6	90%点	$1.2+0.86S_c$	$0.8+1.74S_c$
5%点	$1.9+0.86S_c$	$3.1+1.74S_c$	95%点	$1.2+0.86S_c$	$1.1+1.74S_c$
10%～80%点	$1.2+0.86S_c$	$2.0+1.74S_c$	终馏点	3.9	7.2

注：S_c 为依据式（2-1）计算得到的斜率。

表 2-2　汽油自动蒸馏的重复性和再现性

蒸发点（或回收点）	重复性 r	再现性 R	蒸发点（或回收点）	重复性 r	再现性 R
初馏点	3.9	7.2	80%点	$1.1+0.67S_c$	$1.7+2.0S_c$
5%点	$2.1+0.67S_c$	$4.4+2.0S_c$	90%点	$1.1+0.67S_c$	$0.7+2.0S_c$
10%点	$1.7+0.67S_c$	$3.3+2.0S_c$	95%点	$2.5+0.67S_c$	$2.6+2.0S_c$
20%点	$1.1+0.67S_c$	$3.3+2.0S_c$	终馏点	4.4	8.9
30%～70%点	$1.1+0.67S_c$	$2.6+2.0S_c$			

注：S_c 为依据式（2-1）计算得到的斜率。

$$S_c = (T_U - T_L)/(V_U - V_L) \qquad\qquad (2-1)$$

式中　S_c——斜率，℃/%；

　　　T_U——较高的温度，℃；

　　　T_L——较低的温度，℃；

　　　V_U——T_U 相应的回收百分数或蒸发百分数，%；

　　　V_L——T_L 相应的回收百分数或蒸发百分数，%。

六、注意事项

1. 试验仪器

试验用蒸馏烧瓶和量筒需经过检验，必须符合 GB/T 6536—2010 附录 A_1、A_6 的规格要求；试验用温度计必须符合 GB/T 6536—2010 附录 B 的规格要求，并定期进行零位校正和示值稳定性检验。此外，试验前要擦拭冷凝管内壁，清除上次试验残留液体。

2. 检查试样含水状况

若试样含水较多，蒸馏时会在温度计上逐渐冷凝，聚成水滴，水滴落入高温油中，迅速汽化，可造成烧瓶内压力不稳，甚至发生冲油（突沸）现象。因此测定前必须检查试样是否含有可见水。若含有可见水，则不适合做试验，应该另取一份无悬浮水的试样进行试验，并加入沸石，以保证试验安全及测定结果的准确性。

3. 量取温度

油品体积受温度影响较大，要求量取汽油试样、馏出物及残留液体积时，温度均要保持在 13~18℃，否则将引起测量误差。

4. 烧瓶支板的选择

蒸馏烧瓶支板由陶瓷或其他耐热材料制成，它只允许蒸馏烧瓶通过支板孔被直接加热，因此具有保证加热速度和避免油品过热的作用。蒸馏不同石油产品要选用不同孔径的支板。通常的考虑是，蒸馏终点时的油品表面应高于加热面。轻油大都要求测定终馏点，为防止过热可选择孔径较小的支板，如汽油要求用选用孔径为 38mm 的支板。

5. 温度计的安装

水银温度计应位于蒸馏烧瓶颈部的中央，毛细管最低点应与烧瓶支管内壁底部最高点平齐，见图 2-1。否则，过高，测量温度偏低；过低，测量温度偏高。

6. 蒸馏烧瓶支管、冷凝管及量筒的安装

要符合 GB/T 6536—2010 中的要求。

7. 冷凝温度

测定不同石油产品馏程时，冷凝器内水温控制要求不同。汽油初馏点低，轻组分多，易挥发，为保证油气全部冷凝，减少蒸馏损失，必须控制冷凝器温度为 0~1℃。

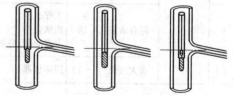

图 2-1　温度计在烧瓶中的位置

8. 加热强度

各种石油产品沸点范围不同，若对较轻油品加热强度过大，会迅速产生的大量气体，使烧瓶内压力高于外界大气压，导致相应回收体积的温度读数偏高；同时，因过热将造成终馏点升高。反之，加热强度不足，会使各馏出温度降低。标准规定，蒸馏汽油时，从开始加热到初馏点的时间为 5~10min；从初馏点到 5% 回收体积的时间是 60~100s；从 5% 回收体积到蒸馏烧瓶中残留物为 5mL 时，冷凝平均速率是 4~5mL/min；从蒸馏烧瓶中剩下 5mL 液体残留物到终馏点的时间为不超过 5min。

9. 蒸馏损失控制

测定汽油馏程时，量筒的口部要用吸水纸或脱脂棉塞住，以减少馏出物挥发损失，使其充分冷凝；同时避免冷凝管上的凝结水落入量筒内。

七、考核评价

汽油馏程测定的考核评价表

序号	考核项目	评分要素	配分	评分要点	扣分	得分	备注
1		任务单	10	书写规范 工作原理明确 设计方案完整			
2		仪器准备	5	检查温度计、量筒及蒸馏瓶 应擦拭冷凝管内壁 冷浴温度应保持0～1℃			
3		取样	5	取样时试样应均匀 测量试油温度是否在规定范围 向蒸馏烧瓶中加试样时蒸馏烧瓶支管应向上			
4		安装	10	温度计安装符合要求 蒸馏瓶安装不能倾斜 冷凝管出口插入量筒深度应不小于25mm，并不应低于100mL标线			
5	测定汽油馏程	蒸馏测定	30	冷凝管出口在初馏后应靠量筒壁 初馏时间5～10min 初馏到回收5%时间应是60～75s 馏出速度符合要求 测定残留量			
6		数据记录	10	记录规定温度 记录无涂改、漏写 记录大气压和室温			
7		数据处理	20	温度计读数补正 馏出量修正 结果的精密度			
8		综合素质	10	工作态度 团队合作 发现问题、分析问题、解决问题的能力			
9		重大失误	-10	损坏仪器			
	总评		100				

考评教师：　　　　　　　　　　　　　　　　　　　　　　　　　年　　月　　日

任务二　乙醇汽油水溶性酸碱的测定

一、任务目标

1. 解读水溶性酸、碱的测定标准（GB/T 259—1988）；
2. 掌握水溶性酸、碱测定的操作技能。

二、仪器与试剂

1. 仪器

分液漏斗（250mL或500mL）；试管（直径15～20mm、高度140～150mm）；漏斗；量

筒（25mL、50mL、100mL）；锥形瓶（100mL 和 250mL）；瓷蒸发皿；电热板或水浴；酸度计（精度为 pH≤0.01）。

2. 试剂

甲基橙（配成 0.02%甲基橙水溶液）；酚酞（配成 1%酚酞乙醇溶液）；95%乙醇（分析纯）；滤纸（工业滤纸）；溶剂油或车用乙醇汽油。

三、实验步骤

1. 准备工作

(1) 取样 将试样置入玻璃瓶中，不超过其容积的 3/4，摇动 5min。黏稠的或石蜡试样应预先加热至 50~60℃再摇动。当试样为润滑脂时，用刮刀将试样的表层（3~5mm）刮掉，然后至少在不靠近容器壁的三处，取约等量的试样置入瓷蒸发皿中，并小心地用玻璃棒搅匀。

(2) 95%乙醇溶液的准备 95%乙醇溶液必须用甲基橙或酚酞指示剂，或酸度计检验呈中性后，方可使用。

2. 试验液体石油产品

将 50mL 乙醇汽油和 50mL 蒸馏水放入分液漏斗，加热至 50~60℃。对 50℃运动黏度大于 75mm^2/s 的石油产品，应预先在室温下与 50mL 汽油混合，然后加入 50mL 加热至 50~60℃的蒸馏水。

将分液漏斗中的试验溶液，轻轻地摇动 5min，不允许乳化。澄清后，放出下部水层，经常压过滤后，收集到锥形瓶中。

3. 产生乳化现象的处理

若当石油产品用水混合时，即用水抽提水溶性酸、碱产生乳化时，则用 50~60℃的 95%乙醇水溶液（1:1）代替蒸馏水处理，后续操作步骤按上述步骤（1）或（3）进行。

4. 用指示剂（或酸度计）测定水溶性酸、碱

向两个试管中分别放入 1~2mL 抽提物，在第一支试管中，加入 2 滴甲基橙溶液，并将它与装有相同体积蒸馏水和 2 滴甲基橙溶液的另一支试管相比较。如果抽提物呈玫瑰色，则表示所测石油产品中有水溶性酸存在。在第二支试管中加入 3 滴酚酞溶液，如果溶液呈玫瑰色或红色时，则表示有水溶性碱存在。

向烧杯中注入 30~50mL 抽提物，电极浸入深度为 10~12mm，按酸度计使用要求测定 pH 值。根据表 2-3，确定试样抽提物水溶液或乙醇水溶液中有无水溶性酸、碱。

表 2-3 用酸度剂测定水溶性酸碱结论判据

水（或乙醇水溶液）抽提物特性	pH 值	水（或乙醇水溶液）抽提物特性	pH 值
酸性	<4.5	弱碱性	>9.0~10.0
弱酸性	4.5~5.0	碱性	>10.0
无水溶性酸或碱	>5.0~9.0		

四、精密度及报告

1. 本标准精密度规定仅适用于酸度计法。

2. 同一操作者所提出的两个结果，pH 值之差不应超过 0.05。

取重复测定两个 pH 值的算术平均值，作为试验结果。

五、注意事项

1. 取样的均匀程度

轻质油品中的水溶性酸、碱有时会沉积在盛样容器的底部，因此在取样前应将试样充分

摇匀；而测定石蜡、地蜡等本身含蜡成分的固态石油产品的水溶性酸、碱时，则必须事先将试样加热熔化后再取样，以防止构造凝固中的网结构对酸、碱性物质分布的影响。

2. 试剂、器皿的清洁性

水溶性酸、碱的测定，所用的抽提溶剂（蒸馏水、乙醇水溶液）以及汽油等稀释溶剂必须事先中和为中性。仪器必须确保清洁、无水溶性酸、碱等物质存在，否则会影响测定结果的准确性。

3. 油品的乳化

试样发生乳化现象，通常是油品中残留的皂化物水解的缘故，这种试样一般情况下呈碱性。当试样与蒸馏水混合形成难以分离的乳浊液时，需用 $50 \sim 60\,^{\circ}\mathrm{C}$ 呈中性的 95% 乙醇水溶液（1:1）作抽提溶剂来分离试样中的酸、碱。

六、考核评价

乙醇汽油水溶性酸碱测定的考核评价表

序号	考核项目	评分要素	配分	评分要点	扣分	得分	备注
1	测定乙醇汽油水溶性酸碱	任务单	10	书写规范 工作原理明确 设计方案完整			
2		仪器准备	10	检查温度计、量筒及分液漏斗 干净干燥			
3		取样	10	取样时试样应均匀 试油、蒸馏水温度			
4		分液漏斗操作	30	振荡操作 静置分层			
5		酸碱测定	30	酸性测定 碱性测定			
6		综合素质	10	工作态度 团队合作 发现问题、分析问题、解决问题的能力			
7		重大失误	-10	损坏仪器			
总评			100				

考评教师： 　　　　　　　　　　　　　　　　　　　　　　　　　　年　月　日

任务三　乙醇汽油硫醇硫的测定（电位滴定法）

一、任务目标

1. 解读油品中硫醇性硫的定量测定标准（GB/T1792—1988）；

2. 掌握油品中硫醇性硫定量测定的操作技能；

3. 掌握电位滴定分析及其电极的制备技能。

二、仪器与试剂

1. 仪器

酸度计或电位计；滴定池；滴定架；参比电极（玻璃电极）；指示电极（银-硫化银电极）；滴定管（10mL，分度为 0.05mL）；金相砂纸；烧杯（2 个，200mL）；容量瓶（1 个，1000mL）。

2. 试剂

H_2SO_4（化学纯，配成 1:5 的 H_2SO_4 溶液）；$CdSO_4$（化学纯，配成酸性溶液，在水

中溶解 150g 3CdSO$_4$·8H$_2$O，加入 10mL 硫酸溶液，用水稀释至 1L）；KI（分析纯）；异丙醇（分析纯）；AgNO$_3$（分析纯）；HNO$_3$（分析纯）；Na$_2$S（分析纯，在水中溶解 10g Na$_2$S 或 31g Na$_2$S·9H$_2$O，稀释至 1L，配成 1% 的新鲜水溶液）；结晶乙酸钠或无水乙酸（分析纯）；冰乙酸（分析纯）；车用乙醇汽油。

三、实验步骤

1. 准备工作

（1）配制 0.1mol/L KI 标准溶液　在水中溶解约 17g（称准至 0.01g）KI，并用水在容量瓶中稀释至 1L，计算其精确的物质的量浓度。

（2）配制 0.1mol/L 硝酸银-异丙醇标准滴定溶液　在 100mL 水中溶解 17g AgNO$_3$，用异丙醇稀释至 1L，储存在棕色瓶中，每周标定一次。具体标定方法是：量取 100mL 水于 200mL 烧杯中，加入 6 滴 HNO$_3$，煮沸 5min，赶掉氮的氧化物。待冷却后准确量取 5mL 0.1mol/L KI 标准溶液于同一烧杯中，用待标定的硝酸银-异丙醇溶液进行电位滴定，以滴定曲线的转折点为终点，计算其精确的物质的量浓度。

（3）配制 0.01mol/L 硝酸银-异丙醇标准滴定溶液　吸取 10mL 0.1mol/L 硝酸银-异丙醇标准溶液于 100mL 棕色容量瓶中，用异丙醇稀释至刻线。

（4）配制滴定溶剂　碱性滴定溶剂的配制：称取 2.7g 结晶乙酸钠或 1.6g 无水乙酸钠，溶解在 20mL 无氧水中，注入 975mL 异丙醇中。酸性滴定溶剂的配制：称取 2.7g 结晶乙酸钠或 1.6g 无水乙酸钠，溶解在 20mL 无氧水中，注入 975mL 异丙醇中，并加入 4.6mL 冰乙酸。

通常汽油中含相对分子质量较低的硫醇，在酸性滴定溶剂中容易损失，应采用碱性滴定溶剂；喷气燃料、煤油和柴油中含相对分子质量较高的硫醇，用酸性滴定溶剂，则有利于在滴定过程中更快地达到平衡。

（5）参比电极的准备　每次滴定前后，用蒸馏水冲洗电极，并用洁净的擦镜纸擦拭。

（6）银-硫化银指示电极的制备（涂渍 Ag$_2$S 电极表层）　用金相砂纸擦亮电极，直至显出清洁、光亮的银表面。把电极置于操作位置，银丝端浸在含有 8mL 1% Na$_2$S 溶液的 100mL 酸性滴定溶剂中。在搅拌条件下，从滴定管中慢慢加入 10mL 0.1mol/L 硝酸银-异丙醇标准溶液，电位滴定溶液中的硫离子（S^{2-}），时间控制在 10~15min。取出电极，用蒸馏水冲洗，再用擦镜纸擦拭，完成电极的制备。

2. 硫化氢的脱除

量取 5mL 试样于试管中，加入 5mL 酸性 CdSO$_4$ 溶液后摇动，定性检查硫化氢。若有黄色沉淀出现，则认为有 H$_2$S 存在。具体脱除方法是：取 3~4 倍分析所需量的试样，加到装有试样体积一半的酸性 CdSO$_4$ 溶液的分液漏斗中，剧烈摇动、抽提。分离并放出含有黄色的水相，再用另一份酸性 CdSO$_4$ 溶液抽提，放出水相。然后，用 3 份 30mL 水洗涤试样，每次洗后将水排出。用快速滤纸过滤洗过的试样，再于试管中进一步检查洗过的试样中有无 H$_2$S。若仍有沉淀出现，需再次抽提，直至 H$_2$S 脱尽。

3. 试样的测定

吸取不含 H$_2$S 的试样 20~50mL，置于盛有 100mL 滴定溶剂的 200mL 烧杯中，立即将烧杯放置在滴定架的电磁搅拌器上，调整电极位置，使下半部浸入溶剂中，将装有 0.01mol/L 硝酸银-异丙醇标准滴定溶液的滴定管固定好，使其尖嘴端伸至烧杯中液面下约 25mm。调节电磁搅拌器速度，使其剧烈而无液体飞溅。记录滴定管及电位计初始读数。加入适量的 0.01mol/L 硝酸银-异丙醇标准滴定溶液，当电位恒定（变化小于 6mV/0.1mL）后，记录电位及体积。根据电位变化情况，决定每次加入 0.01mol/L 硝酸银-异丙醇标准滴定溶液的量。当电位变化小时，每次加入量可大至 0.5mL；当电位变化大于 6mV/0.1mL 时，需逐次加入 0.05mL。当接近终点时，经过 5～10min 才能达到恒定电位。继续滴定，直至电位突跃过后又呈现相对恒定（电位变化小于 6mV/0.1mL）为止。

4. 仪器的整理

移去滴定管，升高电极夹，先后用醇、水洗净电极，用擦镜纸擦拭。用金相砂纸轻轻摩擦银-硫化银电极。在同一天的连续滴定之间，将两支电极浸在含有 0.5mL 硝酸银-异丙醇标准滴定溶液的 100mL 滴定溶剂中或浸在上述 100mL 滴定溶剂中至少 5min。

5. 数据处理

将所滴加的 0.01mol/L 硝酸银-异丙醇标准溶液累计体积对相应电极电位作图，终点选在滴定曲线的折点最陡处的最大正值。

四、计算

用所加 0.01mol/L 硝酸银-异丙醇标准溶液累计体积对相应电极电位作图，终点选在图 2-2 中滴定曲线的每个"折点"最陡处的最大正值。仪器不同，滴定曲线的形状可以不同，但是，关于终点的说明如下。

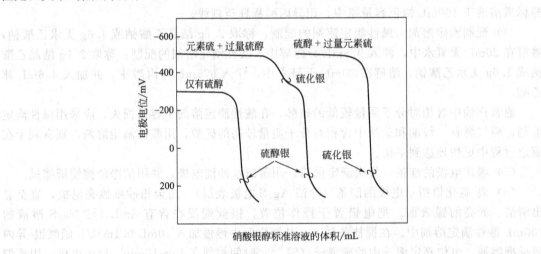

图 2-2　电位滴定曲线举例

（1）仅有硫醇　若试样中只有硫醇，滴定产生图 2-2 中所示最左侧曲线。

（2）当试样中硫醇和元素硫两者共同存在时　与只有硫醇存在相比，初始电位相应更负（相差约 150～300mV）。在滴定过程中，由于在溶剂中发生相互化学作用，滴定期间沉淀出硫化银。

① 当硫醇存在过量时，硫化银产生沉淀　（电位突跃不很明显）之后，接着是硫醇银沉淀。其情况如图 2-2 中的中间曲线。因为全部硫化银来自等物质的量的硫醇，所以，硫醇硫含量必须用硫醇盐终点的总滴定量进行计算。

② 当元素硫存在过量时，硫化银沉淀的终点与硫醇银位置相同，其情况如图 2-2 中的最右侧曲线。并且按硫醇硫进行计算。

试样中硫醇硫的质量分数，按式(2-2) 计算。

$$w = \frac{32.06cV}{1000m} \times 100\% \tag{2-2}$$

式中　w——试样的硫醇硫含量，%；

　　32.06——硫醇中 S 原子的摩尔质量，g/mol；

V——达到终点时所消耗的硝酸银-异丙醇标准溶液的体积，mL；

c——硝酸银-异丙醇标准滴定溶液的浓度，mol/L；

m——试样的质量，g。

五、精密度及报告

用下述规定判断试验结果的可靠性（95%置信水平）。

1. 重复性

两个结果之差不应超过式(2-3) 和图 2-3 所示数值。

$$r = 0.00007 + 0.027w_1 \qquad (2\text{-}3)$$

式中　w_1——重复测定的两次硫醇硫含量的平均值，%。

2. 再现性

两个结果之差不应超过式(2-4) 和图 2-3 中所示数值。

$$R = 0.00031 + 0042w_2 \qquad (2\text{-}4)$$

式中　w_2——两个实验室测定的硫醇硫含量的平均值，%。

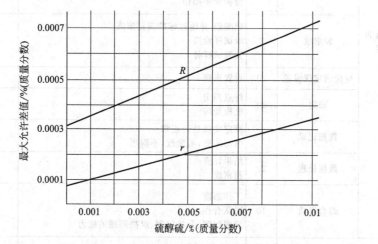

图 2-3　喷气燃料、汽油、煤油和柴油中硫醇硫的精密度曲线

取重复测定两个结果的算术平均值，作为试样中的硫醇硫含量。

六、注意事项

1. 溶剂

异丙醇储存较久时，可能有过氧化物形成，过氧化物能与标准硝酸银的异丙醇溶液反应，影响试验的进行。因此，若检验出有氧化物存在时，应使用活性氧化铝或硅胶吸附柱脱除。

2. 硝酸银-异丙醇标准滴定溶液

为避免硝酸银见光分解，配制和盛放硝酸银-异丙醇标准滴定溶液时，必须使用棕色容器。同时标准滴定溶液的有效期不超过 3d，若出现浑浊沉淀，必须另行配制；在有争议时，需当天配制。

3. 滴定溶剂的选择

通常汽油中含相对分子质量较低的硫醇，在酸性滴定溶剂中容易损失，应采用碱性滴定溶剂；喷气燃料、煤油和柴油中含相对分子质量较高的硫醇，用酸性滴定溶剂，则有利于在滴定过程中更快达到平衡。

4. 溶解氧

硫醇极易被氧化为二硫化物（R-S-S-R'），从而由"活性硫"转变为"非活性硫"。因此，为避免滴定期间硫化物被空气氧化，应尽量缩短滴定时间，滴定不能中断。并要求滴定溶剂在每天使用前，要用快速氮气流净化 10min，以除去溶解氧。

七、考核评价

乙醇汽油硫醇硫（电位滴定法）测定的考核评价表

序号	考核项目	评分要素	配分	评分要点	扣分	得分	备注
1		任务单	10	书写规范 工作原理明确 设计方案完整			
2		仪器准备	5	自动、打印机 装打印纸 清洗滴定管 电极处理			
3		溶液配制	10	硝酸银-异丙醇标准滴定溶液 试样，称量，加入酸性滴定溶剂 分析天平操作			
4	硫醇硫的测定	装溶液	5	硝酸银-异丙醇标准滴定溶液 取试样溶液 安装试样杯			
5		电位滴定仪设置	10	设置正确			
6		滴定	20	终点判定 电极处理			
7		数据记录	10	滴定曲线是否正常 书写工整，不涂改，不漏项			
8		数据处理	20	结果计算 精密度			
9		综合素质	10	工作态度 团队合作 发现问题、分析问题、解决问题的能力			
	总评		100				

考评教师：　　　　　　　　　　　　　　　　　　　　　　年　月　日

任务四　乙醇汽油硫醇定性的测定（博士试验法）

一、任务目标

1. 解读博士试验法硫醇定性的测定标准 [SH/T 0174—1992 (2000)]；
2. 掌握博士试验法定性测定轻质油品中硫醇的操作技能；
3. 熟练掌握溶液配制的操作。

二、仪器与试剂

1. 仪器

量筒（50mL，带刻度和磨口塞）。

2. 试剂

硫黄粉（升华、干燥的硫黄粉，贮存在密闭的容器中）；乙酸铅 [分析纯，无色结晶或白色粉末。分子式 $Pb(CH_3COO)_2 \cdot 3H_2O$] 氢氧化钠（分析纯，白色颗粒或片状）；氯化镉（分析纯，无色结晶或白色粉末，分子式 $CdCl_2 \cdot 2.5H_2O$）；盐酸（分析纯，无色透明液体，质量分数为 36%～38%）；碘化钾（分析纯，无色结晶或白色粉末）；乙酸（无水，分析纯,);淀粉(分析纯,可溶性白色无定形粉末);蒸馏水或去离子水。

三、实验步骤

1. 准备工作

亚铅酸钠溶液(博士试剂)(将 25g 乙酸铅溶解在 200mL 蒸馏水中,过滤,并将滤液加入溶有 60g 氢氧化钠的 100mL 蒸馏水的溶液中,再在沸水浴中加热此混合液 30min,冷却后用蒸馏水稀释到 1L。将此溶液贮存在密闭的容器中。使用前,如不清澈,应进行过滤);氯化镉溶液(每升溶液含有 100g 氯化镉和 10mL 盐酸);碘化钾溶液(新配制,每升溶液含有 100g 碘化钾);乙酸溶液(每升溶液含有 100g 或 100mL 乙酸);淀粉溶液:新配制,每升溶液含有 5g 淀粉。

2. 初步试验

将 10mL 试样和 5mL 亚铅酸钠溶液,倒入带塞量筒中,用力摇动 15s,观察混合溶液外观的变化。并按表 2-4 所示继续进行试验。

表 2-4 "博士试验"变化表

现　象	判　断	说　明
立即生成黑色沉淀	有硫化氢存在	需用硫化镉除去硫化氢,再进行"最后试验"
缓慢生成褐色沉淀	可能有过氧化物存在	需试验确认,若存在过氧化物干扰,则试验无效
在摇动期间溶液变成乳白色,然后颜色变深	有硫醇和游离硫存在	不必进行"最后试验",直接报告为不通过
无变化或黄色	无硫化氢和氧化物存在	需要进行"最后试验",进一步确认硫醇是否存在

3. 有硫化氢存在

取一份新鲜试样,并加入占试样体积 5% 的氯化镉溶液,一起摇动以除去硫化氢。分离处理后的试样,并进一步按照第 2 条进行试验。如果没有黑色沉淀的生成,就继续按照第 5 条规定进行试验。如果生成了黑色沉淀,就再用 1 份氯化镉溶液重新处理,直到无黑色沉淀为止,然后按第 5 条规定进行试验。

4. 可能有过氧化物存在

如有足够浓度的过氧化物存在而干扰试验,则另取一份试样,并加入占试样体积 20% 的碘化钾溶液、几滴乙酸溶液和几滴淀粉溶液,用力摇动。如果在水层中出现蓝色,则证明有过氧化物存在。

5. 最后试验

向第 2 条或第 3 条规定得到的混合溶液中,加入少量的硫黄粉(加入量不可太多,只要能覆盖试样和亚铅酸钠溶液之间的界面即可),摇动此混合物 15s,静置 1min。

立即观察量筒中的混合物,如果在加入硫黄粉摇动后,在硫黄粉表面上生成褐色(橘红、棕色)或黑色沉淀,则表示"有硫醇存在"。

四、报告

如果试样同亚铅酸钠溶液摇动期间不变色或产生乳白色。在加入硫黄粉后,在硫黄粉表面上生成褐色(橘红、棕色)或黑色沉淀,表示试样"有硫醇存在";否则,表示试样"无硫醇存在"。

如果除去硫化氢后,加入硫黄粉摇动,在硫黄粉表面上没有生成褐色(橘红、棕色)或黑色沉淀,表示试样"无硫醇存在",否则,表示试样"有硫醇存在"。

凡试样"有硫醇存在",则报告:不通过;"无硫醇存在",则报告:通过。

如果有过氧化物存在,则此试验无效。

五、注意事项

1. 对试剂的要求

制备好的博士试剂应储存在密闭的容器内，呈无色、透明状态，如不洁净，用前可进行过滤。

2. 硫黄粉及其用量

所用的升华硫应是纯净、干燥的粉状硫黄，每次加入量要保证在试样和 Na_2PbO_2 溶液的液接界面上浮有足够的硫黄粉薄层（为 $35\sim40mg$）即可，过多或过少都将影响试验结果的观察。

3. 保证反应完全

为使反应在规定时间内完成，试样与博士试剂混合后应当用力摇动，并在规定的静置时间内，观察油、水两相间硫黄粉层的颜色变化。

4. 排除干扰

如果试样中含有硫化氢，则应重新取一份试样，加入 $CdCl_2$ 溶液，摇动，反复冲洗、分离，将 H_2S（转化为 CdS 沉淀）除尽。否则，最后试验将难以判断是否有硫醇性硫的存在。

二硫化碳含量较高的试样，其硫的浓度超过 0.4%（质量分数）时，静置时会使水层的颜色变黑，试验是不可靠的，要经常注意，避免由于硫化氢立即生成黑色的现象混淆硫醇变色的判断。

某些酚醛物质（可能用作抗氧剂加入的）也会引起水层变色，如果怀疑它们的存在，应首先用氢氧化钠溶液代替亚铅酸钠溶液进行对比试验。

六、考核评价

乙醇汽油硫醇定性（博士试验法）测定的考核评价表

序号	考核项目	评分要素	配分	评分要点	扣分	得分	备注
1	硫醇定性的测定	任务单	10	书写规范 工作原理明确 设计方案完整			
2		仪器准备	10	试管 烧杯			
3		溶液配制	30	溶液 分析天平操作			
4		测定	40	现象判断			
5		综合素质	10	工作态度 团队合作 发现问题、分析问题、解决问题的能力			
	总评		100				

考评教师：　　　　　　　　　　　　　　　　　　　　　　　　年　月　日

【知识链接】

一、汽油规格

1. 汽油规格标准

目前，我国车用汽油的有效标准只有 GB 17930—2011《车用汽油》和 GB 18351—2010《车用乙醇汽油（E10）》两个。航空汽油执行的国家标准是航空活塞式发动机燃料（GB 1787—2008）代替 GB 1787—1979（1988）《航空汽油》。

2. 汽油质量要求

车用汽油和车用乙醇汽油的质量要求见表 2-5。

表 2-5 车用汽油和车用乙醇汽油（E10）的质量要求

项　目		车用汽油 GB 17930—2011			车用乙醇汽油 GB 18351—2010(E10)			试验方法
		90	93	97	90 号	93 号	97 号	
抗爆性								
研究法辛烷值(RON)	不小于	90	93	97	90	93	97	GB/T 503
抗爆指数(MON+RON)/2	不小于	85	88	报告	85	88	报告	GB/T 5487
铅含量/(g/L)	不大于		0.005			0.005		GB/T 8020
馏程								
10%馏出温度/℃	不高于		70			70		
50%馏出温度/℃	不高于		120			120		
90%馏出温度/℃	不高于		190			190		GB/T 256
终馏点/℃	不高于		205			205		GB/T 6536
残留量 φ/%	不大于		2			2		
蒸气压/kPa								
从 11 月 1 日至 4 月 30 日	不大于		88			88		GB/T 8017
从 5 月 1 日至 10 月 31 日	不大于		72			72		
诱导期/min	不小于		480			480		GB/T 8018
溶剂洗胶质含量/(mg/100mL)	不大于		3			5		GB/T 509 GB/T 8019
硫含量 w/%	不大于		0.015			0.015		GB/T 380
硫醇(需要满足下列要求之一)								
博士试验			通过			通过		SH/T 0174
硫醇硫含量 w/%	不大于		0.001			0.001		GB/T 1792
铜片腐蚀/级	不大于		1			1		GB/T 5096
水溶性酸或碱			无			无		GB/T 259
机械杂质			无			无		
水分	不大于		无			0.20		目测 SH/T0246
苯含量 φ/%	不大于		1.0			1.0		SH/T0713

由于乙醇是亲水性液体，易与水互溶，使油品的含水量升高，影响油品的使用性能，可引起汽车难于启动、动力不足、加速不良等不正常现象发生。所以乙醇汽油标准中将机械杂质及水分项目中的水分项目单独列出，并严格要求水分含量（质量分数）不大于 0.20%。而车用汽油比车用乙醇汽油多出氧含量和甲醇含量。

二、汽油的蒸发性

在一定的温度下，汽油由液态转化为气态的能力，称为汽油的蒸发性（或称气化性）。车用汽油在发动机中燃烧前，必须在气缸内迅速气化，与空气形成可燃混合气，该过程是保证燃料燃烧稳定、完全的先决条件。因此，蒸发性能是车用汽油的重要性质之一。

车用汽油对蒸发性的质量要求是：保证发动机在冬季易于启动，夏季不易产生气阻，并能充分燃烧。

评价车用乙醇汽油蒸发性的指标有馏程与饱和蒸气压。

1. 馏程

石油产品主要是由多种烃类及少量烃类衍生物组成的复杂混合物，与纯液体不同，它没有恒定的沸点，其沸点表现为一定的温度范围。油品在规定的条件下蒸馏，从初馏点到终馏点这一温度范围称为馏程。通常，车用乙醇汽油的馏程用10%、50%、90%蒸发温度、终馏点和残留量等来表示。蒸发温度与馏出温度的概念是不同的。例如，10%馏出温度只是指回收体积分数为10%时，蒸馏温度计的读数；而10%蒸发温度是指当回收（即馏出）体积分数与观察到的损失体积分数之和为10%时，蒸馏温度计的读数。显然，前者略比后者高。

（1）测定意义　车用乙醇汽油馏程各蒸发体积温度的高低，直接反映其轻重组分的相对含量，因此与其使用性能密切相关。

① 10%蒸发温度　表示车用乙醇汽油中含低沸点组分（轻组分）的多少，它决定汽油低温启动性和形成气阻的倾向。汽油发动机启动时转速较低（一般为50～100r/min），吸入汽油量少，若10%蒸发温度过高，表明缺乏足够的轻组分，其蒸发性差，则冬季或冷车不易启动。因此，车用乙醇汽油规格中规定，10%蒸发温度不能高于70℃。汽油的10%馏出温度与发动机能直接启动所允许的最低气温实验数据，如表2-6所示。

表 2-6　汽油 10%馏出温度与启动气温的关系

10%蒸发温度/℃	54	60	66	71	77	82	98	107
能直接启动的最低大气温度/℃	−21	−17	−13	−9	−6	−2	0	5

可以看到，10%蒸发温度越低，发动机的低温启动性越好。但10%蒸发温度也不能过低，否则轻组分过多，在夏季或低大气压下工作时，在输油管内气化易形成气阻，中断燃料供应，影响发动机正常工作。

目前，车用乙醇汽油只规定了10%蒸发温度的上限，其下限实际上是由蒸气压来控制的，一般认为车用乙醇汽油的10%蒸发温度不宜低于60℃。

② 50%蒸发温度　表示车用乙醇汽油的平均蒸发性，它直接影响发动机的加速性和工作平稳性。若50%蒸发温度低，汽油在正常温度下能迅速蒸发，可燃气体混合均匀，发动机加速灵敏，运转平稳；反之，50%蒸发温度过高，当发动机加大油门提速时，随供油量的急剧增加，部分汽油将来不及充分气化，引起燃烧不完全，致使发动机功率降低，甚至突然熄火。为此，严格规定车用乙醇汽油50%蒸发温度不高于120℃。

③ 90%蒸发温度和终馏点　表示车用乙醇汽油中高沸点组分（重组分）的多少，决定汽油在气缸中的蒸发完全程度。这两个温度过高，表明重组分过多，不易保证车用乙醇汽油在使用条件下完全蒸发及燃烧，导致气缸内积炭增多，排气冒黑烟。这不仅会增大油耗，降低发动机功率，使其工作不稳定，而且没完全气化的重组分还会冲掉气缸壁的润滑油，进而流入曲轴箱，稀释润滑油，降低其黏度，使其润滑性能变差，这都将加剧机械磨损。因此，车用乙醇汽油严格限制90%蒸发温度不高于190℃，终馏点不高于205℃。

④ 残留量　反映车用乙醇汽油贮存过程中，氧化生成胶质物质的含量。随残留量的增大，气门、化油器喷管及电喷喷嘴被堵塞的机会增多，气缸内结焦量增多。因此，车用乙醇汽油要求残留量不大于2%，不允许过多。

（2）检验方法　车用乙醇汽油馏程的测定按 GB/T 6536—2010《石油产品常压蒸馏特性测定法》进行。该标准试验方法等效采用美国试验与材料协会标准 ASTM D86—95，适用于测定所有发动机燃料、溶剂油和轻质石油产品的馏程。蒸馏装置有手工蒸馏（采用喷灯加热或电加热）和自动蒸馏，但有争议时，仲裁试验应采用手工蒸馏。如图 2-4 所示为采用电加热的手工蒸馏装置图。

　　蒸馏测定时，将100mL试样在规定条件下进行蒸馏，系统观察温度计读数和冷凝液体积，并根据这些数据，进行计算和报告结果。

　　蒸馏时，冷凝管较低的一端滴下第一滴冷凝液时的温度计读数，称为初馏点。当馏出物体积分数为装入试样的10%、50%、90%时，蒸馏瓶内的温度计读数分别称之为10%、50%、90%馏出温度。蒸馏过程中，温度计最高读数，称为终馏点（简称终点）。蒸馏烧瓶底部最后一滴液体气化瞬间所观察到的温度计读数，称为干点，此时不考虑蒸馏烧瓶壁及温度计上的任何液滴或液膜。实验中的最高温度为终馏点。由于终馏点通常在蒸馏烧瓶底部液体全部气化后才出现，故与干点往往相同。蒸馏结束后，将冷却烧瓶的内容物按规定方法收集到5mL量筒中测得的体积分数，称为残留体积分数；而以装入试样体积为100%减去馏出液体和残留物的体积分数之和，所得的差值称为损失体积分数（简称损失）。生产实际中常称上述这套完整数据为馏程，它是轻质燃料油的质量指标。

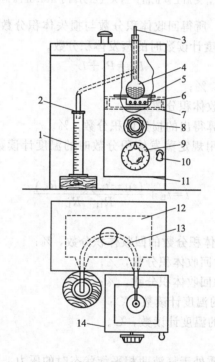

图2-4　采用电加热的蒸馏装置

1—量筒；2—吸水纸；3—温度计；4—蒸馏烧瓶；5—石棉板；6—电加热元件；
7—蒸馏烧瓶支架平台；8—蒸馏烧瓶调节旋钮；9—热量调节盘；10—开关；
11—无底罩；12—冷凝器；13—冷凝管；14—金属罩

　　通常，要求蒸馏温度计读数修正至101.3kPa（760mmHg），报告中应包括观察的大气压力，并说明是否已进行了大气压力修正。修正可按式(2-5)或表2-7进行。

$$t_c = t + C \qquad\qquad (2\text{-}5)$$
$$C = 0.0009(101.3 - p_k)(273 + t)$$

式中　t_c——修正至101.3kPa时的温度计读数，℃；

　　　t——观察到的温度计读数，℃；

　　　C——温度计读数修正值，℃；

　　　p_k——试验时的大气压力，kPa。

表 2-7 近似的温度计读数修正值

温度范围/℃	每 1.3kPa 压力差的修正值/℃	温度范围/℃	每 1.3kPa 压力差的修正值/℃
10~30	0.35	>210~230	0.59
>30~50	0.38	>230~250	0.62
>50~70	0.40	>250~270	0.64
>70~90	0.42	>270~290	0.66
>90~110	0.45	>290~310	0.69
>110~130	0.47	>310~330	0.71
>130~150	0.50	>330~250	0.74
>150~170	0.52	>350~370	0.76
>170~190	0.54	>370~390	0.78
>190~210	0.57	>390~410	0.81

注：当大气压力低于 101.3kPa 时，则加上修正值；当大气压力高于 101.3kPa 时，则减去修正值。

油品按规定条件蒸馏时，所得回收体积分数与损失体积分数之和，称为蒸发体积分数。按式(2-6)，可计算出规定温度计读数时的蒸发体积分数。

$$P_e = P_r + L \qquad (2\text{-}6)$$

式中　P_e——蒸发体积分数，%；

　　　P_r——规定温度的回收体积分数，%；

　　　L——从试验数据计算得出的损失体积分数，%。

车用乙醇汽油馏程要求用规定蒸发体积分数时的温度计读数（蒸发温度）表示，按式(2-7)计算。

$$t = t_L + \frac{(t_H - t_L)(R - R_L)}{R_H - R_L} \qquad (2\text{-}7)$$

式中　t——蒸发温度，℃；

　　　R——对应于规定蒸发体积分数的回收体积分数，%；

　　　R_L——临近并低于 R 的回收体积分数，%；

　　　R_H——临近并高于 R 的回收体积分数，%；

　　　t_L——在 R_L 时观察到的温度计读数，℃；

　　　t_H——在 R_H 时观察到的温度计读数，℃。

2. 蒸气压

在一定的温度下，某物质处于气液两相平衡状态时的压力，称为饱和蒸气压（简称蒸气压）。车用乙醇汽油是多种烃类的混合物，其蒸气压用雷德蒸气压表示。所谓雷德蒸气压，是在规定的条件下（37.8℃±0.1℃），用雷德式饱和蒸气压测定器所测得的油品试样蒸气的最大压力。

（1）测定意义　车用乙醇汽油的蒸气压，是评价其气化性能、启动性能、生成气阻倾向及储存损失轻组分趋势的重要指标。

蒸气压高，说明汽油含轻组分多，容易气化，能保证正常燃烧，则发动机启动快，效率高，油耗低。但蒸气压过高，容易在输油管路中形成气阻，造成供油不足或中断，使发动机功率降低，甚至熄火。汽油不产生气阻的蒸气压与大气温度的关系见表 2-8。

表 2-8 大气温度与车用乙醇汽油不产生气阻的蒸气压关系

大气温度/℃	10	16	22	28	33	38	44	49
不产生气阻的最高蒸气压/kPa	97	84	76	69	56	48	41	36

可见，随着大气温度的升高，应控制车用乙醇汽油保持较低的蒸气压，才能保证汽油机供油系统不发生气阻，这显然与启动性的要求相矛盾。为兼顾这两种性能，我国对车用乙醇汽油的蒸气压，按季节规定了不同指标，要求从 11 月 1 日至 4 月 31 日不大于 88kPa，从 5 月 1 日至 10 月 31 日不大于 72kPa。

（2）检验方法　车用乙醇汽油的蒸气压按 GB/T 8017—1987《石油产品蒸气压测定法（雷德法）》测定。该标准是参照 ASTM D323—82 标准方法而制定的，其测定准确性强，满足对外贸易的需要，除汽油外，还适用于测定易挥发性原油及其他易挥发性石油产品的蒸气压。

雷德蒸气压测定装置如图 2-5 所示，由蒸压测定器、压力表和水浴三部分组成，测定器又分空气室和汽油室，二者体积比为 4∶1，见图 2-6。

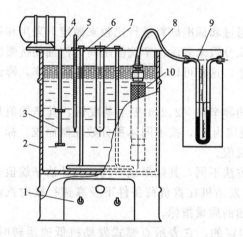

图 2-5　雷德法饱和蒸气压测定装置原理
1—继电器；2—水浴；3—搅拌器；4—电机；5—温度计；
6—电热器；7—接触式温度计；8 橡皮管；9—外接波
顿型压力表；10—雷德蒸气压测定器

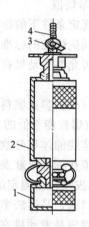

图 2-6　雷德法蒸气压测定器
1—汽油室；2—空气室；
3—接头管；4—活栓

测定蒸气压时，将冷却的试样充入蒸气压测定器的汽油室内，并使汽油室与 37.8℃ 的空气室相连接。将该测定器浸入恒温浴（37.8℃±0.1℃）中，定期振荡，直至安装在测定器上压力表读数稳定，此时的压力表读数经修正后，即为雷德蒸气压。

三、抗爆性

1. 汽油的抗爆性

汽油的抗爆性指汽油在发动机中燃烧时，不发生爆震的能力。

汽油机是用电火花点燃油气混合气而膨胀做功的机械，又称点燃式发动机。发动机工作过程包括吸气（吸入油气混合气）、压缩、膨胀做功（由点火花点燃）和排气四个步骤，简称四行程。

在正常情况下，油气混合气一经电火花点燃，便以火花为中心逐层发火燃烧，平稳地向未燃区传播，火焰速度为 20～50m/s。此时，气缸内温度、压力变化均匀，活塞被均匀地推动，发动机处于良好的工作状态。但是，如果使用燃烧性能差的汽油时，油气混合物被压缩点燃后，在火焰尚未传播到地方，就已经生成了大量的不稳定过氧化物，并形成了多个燃烧中心，同时自行猛烈爆炸燃烧，使火焰传播速度剧增至 1500～2500m/s。高速爆炸燃烧产生强大的压力冲击波，猛烈撞击活塞头和气缸，发出清脆的金属敲击声，这种现象称为爆震（俗称敲缸）。

汽油机发生爆震时，燃料来不及充分燃烧便被排出气缸，形成黑烟，造成功率下降，油耗增大。同时，发动机受高温高压的强烈冲击很容易损坏，可导致活塞顶或气缸盖撞裂、气缸剧烈磨损及气缸门变形，甚至连杆折断，迫使发动机停止工作。

汽油是 C_4～C_{11} 各族烃类的混合物。当碳原子数相同时，烷烃和烯烃易被氧化，自燃点低，若含量较多，很容易形成不稳定的过氧化物，产生爆震现象；反之，如果燃料含有难以氧化的异构烷烃、芳烃和环烷烃较多时，由于其自燃温度较高，就不易引起爆震。

相同类烃中，相对分子质量越大（或沸点越高），形成不稳定过氧化物的倾向越大。因此，由同一原油炼制的汽油，馏分越重，越容易发生爆震。

车用乙醇汽油的抗爆性用研究法辛烷值和抗爆指数来评价。汽油的辛烷值要求合乎规定，以保证发动机运转正常，不发生爆震，充分发挥功率。

2. 研究法辛烷值

辛烷值是规定条件下的标准发动机试验中，通过和标准燃料进行比较来测定，采用和被测燃料具有相同抗爆性的标准燃料中异辛烷的体积分数来表示。辛烷值越高，汽油的抗爆性越好，使用时可允许发动机在更高的压缩比下工作，这样可以大大提高发动机的功率，降低燃料消耗。

标准燃料（或称参比燃料）由抗爆性能很高的异辛烷（2,2,4-三甲基戊烷，其辛烷值规定为100）和抗爆性能很低的正庚烷（其辛烷值规定为0），按不同体积分数配制而成。标准燃料中所含异辛烷的体积分数就是标准燃料的辛烷值。

测定辛烷值在标准单缸发动机中进行，测定方法不同，其结果也不同。马达法辛烷值是在 900r/min 的发动机中测定的，用于表示点燃式发动机在重负荷条件下及高速行驶时汽油的抗爆性能。目前，马达法辛烷值只作为航空汽油的质量指标。

研究法辛烷值是发动机在 600r/min 条件下测定的，它表示点燃式发动机低速运转时，汽油的抗爆性能。测定研究法辛烷值时所用的辛烷值试验机与马达法辛烷基本相同，只是进入气缸的混合气未经预热，温度较低。研究法所测结果一般比马达法高出 5～10 个辛烷值单位。

研究法辛烷值和马达法辛烷值之差称为汽油的敏感性。它反映汽油抗爆性随发动机工作状况剧烈程度的加大而降低的情况。敏感性越低，发动机的工作稳定性越高。敏感性的高低取决于油品的化学组成，通常烃类的敏感性顺序为：

烯烃＞芳烃＞环烷烃＞烷烃

3. 抗爆指数

抗爆指数是反映车辆在行驶时汽油的抗爆性能指标。它是由不同类型车辆通过典型的道路试验来确定的。通常，抗爆指数用总车辆的抗爆性能来表示，故又称为平均实验辛烷值。

$$ONI = \frac{MON + RON}{2} \tag{2-8}$$

式中　ONI——抗爆指数；

　　　MON——马达法辛烷值；

　　　RON——研究法辛烷值。

抗爆指数越高，汽油的抗爆性越好。

4. 研究法辛烷值的测定

研究法辛烷值的测定按 GB/T 5487—1995《汽油辛烷值测定法（研究法）》进行。本标准等效采用 ASTM D2699—1992，适用于测定车用汽油和车用乙醇汽油的抗爆性，应用于发动机制造厂、石油炼厂和商业交货验收。

测定汽油辛烷值是在一台连续可改变压缩比的单缸发动机上进行的，标准规定的试验设备是美国制造的 ASTM-CFR 试验机。机上装有测量爆震强度的爆震表（实际上是一个毫伏表，用 0～100 分度来显示爆震强度），可以把被测试样的爆震强度准确地指示出来，通过转换，得到试样的辛烷值。研究法辛烷值的测定可以采用内插法或压缩比法。

此外，为了适应科研与生产的需要，近年来还出现了一些间接测定辛烷值的方法，如核磁共振波谱法、气相色谱法、介电常数法及物理化学参数法等。其基本原理是将汽油中易于测定的化学结构参数和物理性质参数与辛烷值进行关联，得出精确的经验式，进而计算辛烷值。

四、腐蚀性

1. 油品的腐蚀性

石油产品在储存、运输和使用过程中，对所接触的机械设备、金属材料、塑料及橡胶制品等引起破坏的能力，称为油品的腐蚀性。由于机械设备和零件多为金属制品，因此，油品腐蚀性主要指的是对金属材料的腐蚀。腐蚀作用不但会使机械设备受到损坏，影响使用寿命，而且由于金属被腐蚀后多生成不溶于油品的固体杂质，所以还会影响油品的洁净度和安定性，从而对储存、运输和使用带来更多的危害。

对车用乙醇汽油腐蚀性的要求是，不腐蚀发动机零件和容器。

评定车用乙醇汽油腐蚀性的指标有硫含量、硫醇、铜片腐蚀和水溶性酸、碱。

2. 硫含量和硫醇硫含量

（1）概念 含硫物质按其化学性质可分为"活性硫"和"非活性硫"两大类。"活性硫"包括游离硫、硫化氢、低级硫醇、磺酸等，主要源于石油炼制过程中的含硫化合物分解，这些活性组分残留在轻质馏分油中，能直接与金属作用，尤其是有水存在时，腐蚀更加显著。"非活性硫"包括硫醚、二硫化物、环状硫化物（如噻吩）等，主要存在于重质馏分油中，它们多为原油中的固有成分，且在炼制过程中未能彻底分离出去的组分，其化学性质比较稳定，通常不能直接与金属作用，但除环状硫化物外，其热安定性都不好，易受热分解生成活性硫，引起进气阀、阀杆、阀座的腐蚀及磨损。当其燃烧后，可转化为腐蚀性更强的二氧化硫和三氧化硫，在冬季还会引起排气管的腐蚀。因此，必须限制车用乙醇汽油的总硫含量。

硫含量是指存在于油品中的硫及其衍生物的含量，以质量分数表示。我国车用乙醇汽油要求硫含量不大于 0.015%。

（2）意义 硫醇是"活性硫"之一，多存在于直馏产品中，它不但气味难闻，而且腐蚀性较强，特别是温度升高时，腐蚀作用会随之增大，因此检验车用乙醇汽油中的硫醇，对判断油品气味及其对燃料系统金属和橡胶部件的腐蚀性更具有实际意义。硫醇硫含量试验和博士试验都是检验油品中硫醇的试验，分别是定量和定性的方法。

我国车用乙醇汽油要求硫醇硫含量不大于 0.001% 或博士试验通过。

（3）硫含量检验方法 硫含量的测定按 GB/T 380—1977（1988）《石油产品硫含量测定法（燃灯法）》进行，主要适用于测定雷德蒸气压力不高于 80kPa 的轻质石油产品（汽油、煤油、柴油等）的硫含量。

测定时将试样装入特定的灯中燃烧，使油品中的含硫化合物转化为 SO_2，并用 Na_2CO_3 溶液吸收，然后用已知浓度（0.05mol/L）的盐酸滴定过剩的 Na_2CO_3，由消耗的盐酸体积，计算试样中的硫含量。

$$硫化物 + O_2 \longrightarrow SO_2 \uparrow$$
$$SO_2 + Na_2CO_3 \longrightarrow Na_2SO_3 + CO_2 \uparrow$$
$$Na_2CO_3 + 2HCl \longrightarrow 2NaCl + H_2O + CO_2 \uparrow$$

试样中硫的质量分数按式(2-9)计算

$$w = \frac{0.0008(V_0 - V)K}{m} \times 100\%$$
(2-9)

式中　w——试样中的硫含量，%；

V_0——滴定空白试液所消耗盐酸溶液的体积，mL；

V——滴定吸收试样燃烧生成物溶液所消耗盐酸溶液的体积，mL；

K——换算为 0.05mol/L HCl 溶液的修正系数，即试验中实际使用的盐酸溶液浓度与 0.05mol/L 之比值；

m——试样的燃烧量，g。

影响硫含量测定的主要因素有试样的燃烧完全程度、环境条件、吸收液用量和终点的判断方法。

(4) 硫醇硫含量检验方法　硫醇硫含量的测定按 GB/T 1792—1988《馏分燃料中硫醇硫的测定（电位滴定法）》进行。该方法参照采用 ASTM D3227—1983，适用于测定硫醇硫含量在 0.0003%～0.01% 范围内，无硫化氢的汽油、喷气燃料、煤油和普通柴油中的硫醇硫。若游离硫的质量分数大于 0.0005% 时，对测定有一定的干扰。

硫醇硫含量的测定采用电位滴定法，它是将无硫化氢试样溶解在乙酸钠的异丙醇溶剂中，用硝酸银-异丙醇标准滴定溶液进行电位滴定，由玻璃参比电极和银-硫化银指示电极之间的电位突跃指示滴定终点。在滴定过程中，硫醇硫沉淀为硫醇银。

$$RSH + AgNO_3 \longrightarrow RSAg \downarrow + HNO_3$$

(5) 博士试验　SH/T0 174—1992 (2000)《芳烃和轻质石油产品硫醇定性试验法（博士试验法）》是定性测定硫醇的又一标准方法。该标准等效采用 ISO 5257—1979，主要适用于定性检测芳烃和轻质石油产品中的硫醇硫，也可检测其中的硫化氢。

博士试验法是在升华硫（干燥的硫黄粉）存在的条件下，用亚铅酸钠（Na_2PbO_2）溶液（博士试剂）和轻质石油产品作用，根据硫黄层的颜色变化情况，来检验油品中是否含有硫醇的试验。博士试剂的配制方法如下

$$(CH_3COO)_2Pb + 2NaOH \longrightarrow Na_2PbO_2 + 2CH_3COOH$$

若试样中有硫醇存在，则有如下反应

$$Na_2PbO_2 + 2RSH \longrightarrow (RS)_2Pb + 2NaOH$$

硫醇铅以溶解状态存在于试样中，使试样呈无色或微黄色。

用博士试剂进行"最后试验"时，是向溶液中加入少量的硫黄粉，若博士试剂与试样界面上的硫黄粉层颜色呈橘红、棕色，甚至黑色，则表明试样含有硫醇。

其原因是界面上含有硫醇铅与硫黄粉反应生成的硫化铅沉淀。

$$(RS)_2Pb + S \longrightarrow PbS \downarrow + RSSR$$

3. 铜片腐蚀

(1) 意义　它是定性检验油品有无活性硫的试验。我国车用乙醇汽油要求铜片腐蚀（50℃，3h）不大于 1 级。

(2) 铜片腐蚀检验方法　试验按 GB/T 5096—1985 (1991)《石油产品铜片腐蚀试验法》进行。该标准等效采用 ASTM D130—1983，主要适用于测定航空汽油、喷气燃料、车用汽油、天然汽油或具有雷德蒸气压不大于 124kPa 的其他烃类、溶剂油、煤油、柴油、馏分燃料油、润滑油和其他石油产品对铜的腐蚀性。

测定时，将一块已磨光的铜片浸没在一定的试样中，并按产品标准要求加热到指定的温度，保持一定的时间，待试验周期结束时，取出铜片，经洗涤后与腐蚀标准色板进行比较，

确定腐蚀级别。

如表 2-9 所示，腐蚀标准色板分为 4 级，1 级为轻度变色；2 级为中度变色；3 级为深度变色；4 级为腐蚀。

表 2-9　铜片腐蚀的标准色板分级 GB/T 5096—1985（1991）

级别	名　称	说　　明
1	轻度变色	a　淡橙色，几乎与新磨光的铜片一样 b　深橙色
2	中度变色	a　紫红色 b　淡紫色 c　带有淡紫蓝色或银色，或两种都有，并分别覆盖在紫红色上的多彩色 d　银色 e　黄铜色或金黄色
3	深度变色	a　洋红色覆盖在黄铜色上的多彩色 b　有红和绿显示的多彩色(孔雀绿)，但不带灰色
4	腐蚀	a　透明的黑色、深灰色或仅带有孔雀绿的棕色 b　石墨黑色或无光泽的黑色 c　有光泽的黑色或乌黑发亮的黑色

4. 水溶性酸或碱

（1）概念　水溶性酸指的是无机酸和低分子有机酸，水溶性碱是指氢氧化钠或碳酸钠等，它们通常为石油产品酸碱精制过程中的残留物，是强腐蚀性物质。

（2）意义　水溶性酸几乎对所有金属都有腐蚀作用，尤其是有水存在的情况下，其腐蚀性更为严重；水溶性碱对金属，特别是对铝质零件有较强的腐蚀性，例如，汽油中若有水溶性碱时，汽化器的铝制零件易生成氢氧化铝胶体，堵塞油路、滤清器及油嘴。因此，车用乙醇汽油中不允许有水溶性酸、碱存在。

（3）检验方法　油品水溶性酸、碱的测定，属于定性分析试验法，按 GB/T 259—1988《石油产品水溶性酸及碱测定法》标准试验方法进行，该标准参照采用 гост 6307—1975，主要适用于测定液体石油产品、添加剂、润滑脂、石蜡、地蜡及含蜡组分的水溶性酸、碱。

◆ 学习情境三

柴油的检验技术

情境描述：

柴油是沸点范围和黏度介于煤油与润滑油之间的液态石油馏分。柴油按沸点范围分为轻柴油（180～370℃）和重柴油（350～410℃）两大类。柴油是压燃式发动机（即柴油机）燃料，由于柴油机较汽油机热效率高，功率大，燃料单耗低，比较经济，故应用日趋广泛。可以用来作为汽车、坦克、飞机、拖拉机、铁路车辆等运载工具或其他机械用器的燃料，也可用来发电、取暖等。主要由原油蒸馏、催化裂化、热裂化、加氢裂化、石油焦化等过程生产的柴油馏分调配而成；也可由页岩油加工和煤液化制取。柴油较汽油，可降低石油消耗速度及二氧化碳的排放量，不像汽油般会产生有毒气体，所以比汽油更环保和健康，但含更多的杂质，燃烧时更容易产生烟灰。柴油最重要的性能是着火性和流动性等。

学习目标：

1. 掌握柴油的牌号、主要技术指标和用途；
2. 掌握柴油的主要技术指标的检验方法与原理；
3. 掌握柴油检验常用仪器的性能、使用方法和测定注意事项。

任务一 柴油闪点的测定（闭口杯法）

一、任务目标

1. 解读闭口杯法闪点的测定标准［GB/T 261—1983(1991)］和［GB/T 261—2008］；
2. 掌握闭口杯法测定闪点的操作技能；
3. 掌握闭口杯法闪点测定的有关计算。

二、仪器与试剂

1. 仪器

闭口闪点测定器（符合 SH/T 0315—1992《闭口闪点测定器技术条件》）；温度计［1支，符合 GB 514—1983(1991)《石油产品试验用温度计技术条件》中规定］；防护屏（用镀锌铁皮制成，高度550～650mm，宽度以适用为宜，屏身涂成黑色）。

2. 试剂

车用乙醇汽油或溶剂油；车用柴油试样。

三、实验步骤

1. 准备工作

（1）试样脱水 试样含水分超过 0.05％时，必须脱水。脱水是以新煅烧并冷却的食盐、硫酸钠或无水氯化钙为脱水剂，对试样进行处理，取试样的上层澄清部分供试验使用。

（2）清洗油杯 油杯要用车用汽油或溶剂油洗涤，再用空气吹干。

（3）装入试样 试样注入油杯时，试样和油杯的温度都不应高于试样脱水的温度。杯中试样要装满到环状标记处，然后盖上清洁、干燥的杯盖，插入温度计，并将油杯放在空气浴中。试验闪点低于50℃的试样时，应预先将空气浴冷却到室温（20℃±5℃）。

（4）引燃点火器 将点火器的灯芯或煤气引火点燃，并将火焰调整到接近球形，其直径为3～4mm。使用灯芯带的点火器之前，应向点火器中加入轻质润滑油作为燃料。

（5）围好防护屏 闪点测定器要放在避风和较暗的地点，才便于观察闪火。为更有效地避免气流和光线的影响，闪点测定器应围着防护屏。

（6）测定大气压 用检定过的气压计，测出试验时的实际大气压力。

2. 控制升温速度

试验闪点低于50℃的试样时，从试验开始到结束，要不断地进行搅拌，并使试样温度每分钟升高1℃。对试验闪点高于50℃的试样，开始加热速度要均匀上升，并定期进行搅拌。到预计闪点前40℃时，调整加热速度，并不断搅拌，以保证在预计闪点前20℃时，升温速度能控制在每分钟升高2～3℃（2008年标准规定，整个试验期间按升温速度能控制在每分钟升高5～6℃，且搅拌速率为90～120r/min）。

3. 点火试验

试样温度达到预期闪点前10℃时，对于闪点低于104℃的试样，每经1℃进行一次点火试验（2008年标准规定低于110℃，在闪点前23℃±5℃点火）。

在此期间要不断转动搅拌器进行搅拌，只有在点火时才停止搅拌。点火时，使火焰在0.5s内降到杯上含蒸气的空间中，停留1s，立即迅速回到原位。如果看不到闪火，应继续搅拌试样，并按上述要求重复进行点火试验。

4. 测定闪点

在试样液面上方最初出现蓝色火焰时，立即读出温度，作为闪点测定结果。继续按步骤2所规定的方法进行点火试验，应能再次闪火。否则，应更换试样重新试验，只有试验的结果重复出现，才能确认测定有效（2008年标准规定，观察一次闪火即可，且闪点应该在最初点火温度的18～28℃之间，否则无效）。

四、计算

根据观察和记录大气压力，按式(3-1)对闪点进行大气压力修正。将修正值修约到整数（2008年标准规定精确到0.5℃），作为测定结果。

闭口闪点的压力修正公式为：

$$t_0 = t + 0.25(101.3 - p) \tag{3-1}$$

式中 t_0——相当于基准压力（101.3kPa）时的闪点，℃；

t——实测闪点，℃；

p——实际大气压力，kPa。

五、精密度及报告

用以下规定来判断结果的可靠性（95％置信水平）。

1983年标准规定的重复性、再现性应符合表3-1中的要求。

表 3-1 不同闭口杯闪点范围的精密度要求

闪点范围/℃	精密度	
	重复性允许差数/℃	再现性允许差数/℃
≤104	2	4
>104	6	8

2008 年标准规定 40～250℃馏分油重复性为 0.029X，再现性为 0.071X，X 为两个连续试验结果的平均值。

取重复测定两次结果的算术平均值，作为试样的闭口杯闪点。

六、注意事项

1. 试样含水量

闭口杯闪点测定法规定试样含水量不大于 0.05%，否则，必须脱水。含水试样加热时，分散在油中的水会气化，形成水蒸气，有时形成气泡覆盖于液面上，影响油品的正常气化，推迟闪火时间，使测定结果偏高。

2. 加热速度

加热速度过快，试样蒸发迅速，会使混合气局部浓度达到爆炸下限而提前闪火，导致测定结果偏低；加热速度过慢，测定时间将延长，点火次数增多，消耗了部分油气，使到达爆炸下限的温度升高，则测定结果偏高。必须严格按标准控制加热速度。

3. 点火控制

点火用的火焰大小、与试样液面的距离及停留时间都应按国家标准规定执行。球形火焰直径偏大、与液面距离较近及停留时间过长等都会使测定结果偏低。

4. 试样装入量

按要求，杯中试样要装至环形刻线处，过多或过少都会改变液面以上的空间高度，进而影响油蒸气和空气混合气的浓度，使测定结果不准确。

5. 大气压力

油品的闪点与外界压力有关。气压低，油品易挥发，闪点有所降低；反之，闪点则升高。标准中规定以 101.3kPa 为闪点测定的基准压力。若有偏离，需作压力修正。

七、考核评价

车用柴油闪点测定的考核评价表

序号	考核项目	评分要素	配分	评分要点	扣分	得分	备注
1		任务单	10	书写规范 工作原理明确 设计方案完整			
2		仪器准备	10	检查温度计、仪器合格 闪点测定仪应放在避风和较暗的地方 油杯要洗涤，并吹干 擦拭温度计和搅拌叶			
3	测定柴油闪点	取样	10	取样前应摇匀试样 检查试样水分 取样量符合要求			
4		闪点测定	30	升温开始应搅拌 升温速度应正确 点火火焰大小合适 点火前应停止搅拌			
5		记录	10	记录大气压 记录无涂改、漏写			
6		数据处理	20	大气压校正			
7		综合素质	10	工作态度 团队合作 发现问题、分析问题、解决问题的能力			
		重大失误	—10	损坏仪器			
总评			100				

考评教师：　　　　　　　　　　　　　　　　　　　　　　年　　月　　日

任务二　汽油、柴油铜片腐蚀的测定

一、任务目标

1. 解读铜片腐蚀试验的测定标准［GB/T 5096—1985(1991)］；
2. 掌握铜片腐蚀试验的测定原理、方法和操作技能；
3. 掌握金属试片的制备技术。

二、仪器与试剂

1. 仪器

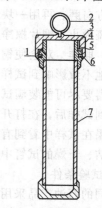

图 3-1　铜片腐蚀试验弹
1—O形密封圈；2—提环；3—压力释放槽；4—滚花帽；5—细牙螺纹；6—密封圈保护槽；7—无缝不锈钢管

试验弹（不锈钢见图 3-1，能承受 689kPa 试验表压）；试管（长 150mm、外径 25mm、壁厚 1～2mm，在试管 30mL 处刻一环线）；水浴或其他液体浴（或铝块浴）（能维持在试验所需的温度 40℃±1℃、50℃±1℃、100℃±1℃或其他所需的温度，用支架支持试验弹保持垂直位置，并使整个试验弹能浸没在浴液中。用支架支持试管保持垂直，并浸没至浴液中约 100mm 深度）；磨片夹钳或夹具（磨片时牢固地夹住铜片而不损坏边缘，并使铜片表面高出夹具表面）；观察试管（扁平形，在试验结束时，供检验用或在储存期间供盛放腐蚀的铜片用）；温度计（全浸型、最小分度 1℃或小于 1℃，用于指示试验温度，所测温度点的水银线伸出浴介质表面应不大于 25mm）。

2. 试剂与材料

洗涤溶剂（分析纯，90～120℃的石油醚或溶剂油）；铜片（纯度大于 99.9％的电解铜，宽为 12.5mm、厚为 1.5～3.0mm、长为 75mm，铜片可以重复使用，但当铜片表面出现有不能磨去的坑点或深道痕迹，或在处理过程中，表面发生变形时，则不能再用）；磨光材料［65μm（240 粒度）的碳化硅或氧化铝（刚玉）砂纸（或砂布），105μm（150 目）的碳化硅或氧化铝（刚玉）砂粒，以及药用脱脂棉］；车用乙醇汽油；车用柴油。

3. 腐蚀标准色板

本方法用的腐蚀标准色板是由全色加工复制而成的。它是在一块铝薄板上印刷四色加工而成的，腐蚀标准色板是由代表失去光泽表面和腐蚀增加程度的典型试验铜片组成（见表 2-9）。为了保护起见，这些腐蚀标准色板嵌在塑料板中。在每块标准色板的反面给出了腐蚀标准色板的使用说明。

为避免褪色，腐蚀标准色板应避光存放。试验用的腐蚀标准色板要用另一块在避光下仔细地保护的（新的）腐蚀标准色板与它进行比较来检查其褪色情况。在散射日光（或与之相当的光线）下，对色板进行观察，先从上方直接看，然后再从 45°看。如果观察到有褪色迹象，特别是在腐蚀标准色板最左边的色板有这种迹象，则废弃这块色板。

检查褪色的另一种方法是：当购进新色板时，把一条 20mm 宽的不透明片（遮光片）放在这块腐蚀标准色板带颜色部分的顶部。把不透明片经常拿开，以检查暴露部分是否有褪色的迹象。如果发现有任何褪色，则应该更换这块腐蚀标准色板。

如果塑料板表面显示出有过多的划痕，则也应该更换这块腐蚀标准色板。

三、实验步骤

1. 准备工作

（1）试片的制备　先用砂纸把铜片六个面上的瑕疵去掉。再用 $65\mu m$（240 粒度）的砂纸处理。用定量滤纸擦去铜片上的金属屑，把铜片浸没在洗涤溶剂中。然后取出，可直接进行最后磨光，或储存在洗涤溶剂中备用。

表面准备的操作步骤：把一张砂纸放在平坦的表面上，用煤油或洗涤溶剂湿润砂纸，以旋转动作将铜片对着砂纸摩擦，用无灰滤纸或夹钳夹持，以防止铜片与手指接触。另一种方法是用粒度合适的干砂纸（或砂布）装在电机上，通过驱动电机来加工铜片表面。

最后磨光，从洗涤溶剂中取出铜片，用无灰滤纸保护手指夹持铜片。取一些 $105\mu m$（150 目）的碳化硅或氧化铝（刚玉）砂粒放在玻璃板上，用 1 滴洗涤溶剂湿润，并用一块脱脂棉蘸取砂粒。用不锈钢镊子夹持铜片，千万不能接触手指。先摩擦铜片各端边，然后将铜片夹在夹钳上，用沾在脱脂棉上的碳化硅或氧化铝（刚玉）砂粒磨光主要表面，要沿铜片的长轴方向磨。再用一块干净的脱脂棉使劲地摩擦铜片，以除去所有金属屑，直到新脱脂棉不留污斑为止。铜片擦净后，立即浸入已准备好的试样中。

（2）取样　对会使铜片造成轻度变暗的各种试样，应该储放在干净的深色玻璃瓶、塑料瓶或其他不致影响到试样腐蚀性的合适的容器中。

容器要尽可能装满试样，取样后立即盖上。取样时要小心，防止试样暴露于日光下。实验室收到试样后，在打开容器后应尽快进行实验。

如果在试样中看到有悬浮水（浑浊），则用一张中速定性滤纸把足够体积的试样过滤到一个清洁、干燥的试管中。此操作尽可能在暗室或避光的屏风下进行。

2. 试验条件

不同的石油产品采用不同的试验条件。

（1）航空汽油、喷气燃料　把完全清澈、无任何悬浮水的试样倒入清洁、干燥的试管的 30mL 刻线处，并将经过最后磨光、干净的铜片在 1min 内浸入试样中。将试管小心滑入试验弹中，旋紧弹盖。再将试验弹完全浸入 $100℃\pm1℃$ 的水浴中。在浴中放置 $120min\pm5min$ 后，取出试验弹，并用自来水冲几分钟。打开试验弹盖，取出试管，按下述步骤 3 检查铜片。

（2）柴油、燃料油、车用乙醇汽油　把完全清澈、无悬浮水的试样倒入清洁、干燥试管的 30mL 刻线处，并将经过最后磨光干净的铜片在 1min 内浸入试样中。用一个有排气孔（打一个直径为 2～3mm 小孔）的软木塞塞住试管。将该试管放到 $50℃\pm1℃$ 的水浴中。在浴中放置 $180min\pm5min$ 后，按步骤 3 检查铜片。

3. 铜片的检查

试验到规定温度后，从水浴中取出试管，将试管中的铜用不锈钢镊子立即取出，浸入洗涤溶剂中，洗去试样。然后，立即取出铜片，用定量滤纸吸干铜片上的洗涤溶剂。比较铜片与腐蚀标准色板，检查变色或腐蚀迹象。比较时，将铜片及腐蚀标准色板对光线成 45°角折射的方式拿持，进行观察。

四、结果表示及报告

1. 结果表示

按表 2-9 所示，腐蚀分为 4 级。当铜片是介于两种相邻的标准色阶之间的腐蚀级别时，则按其变色严重的腐蚀级判断试样。当铜片出现有比标准色板中 1b 还深的橙色时，则认为铜片仍属 1 级；但是，如果观察到有红颜色时，则所观察的铜片判断为 2 级。

2 级中紫红色铜片可能被误认为黄铜色完全被洋红色的色彩所覆盖的 3 级。为了区别这两个级别，可以把铜片浸没在洗涤溶剂中。2 级会出现一个深橙色，而 3 级不变色。

为了区别 2 级和 3 级中多种颜色的铜片，把铜片放入试管中，并把这支试管平放在 315～370℃的电热板上 4～6min。另外用一支试管，放入一支高温蒸馏用温度计，观察这支温度计的温度来调节电炉的温度。如果铜片呈现银色，然后再呈现为金黄色，则认为铜片属2级。如果铜片出现如4级所述透明的黑色及其他各色，则认为铜片属3级。

2.结果的判断

如果重复测定的两个结果不相同，应重做试验。当重新试验的两个结果仍不相同时，则按变色严重的腐蚀级来判断。

五、报告

按表2-9级别中的一个腐蚀级报告试样的腐蚀性，并报告试验时间和试验温度。

六、注意事项

1.试验条件的控制

铜片腐蚀试验为条件性试验，试样受热温度的高低和浸渍试片时间的长短都会影响测定结果。一般情况下，温度越高、时间越长，铜片就越容易被腐蚀。

2.试片洁净程度

所用铜片一经磨光、擦净，绝不能用手直接触摸，应当使用镊子夹持，以免汗渍及污物等加速铜片的腐蚀。

3.试剂与环境

试验中所用的试剂会对测定结果有较大的影响，因此应保证试剂对铜片无腐蚀作用；同时还要确保试验环境没有含硫气体存在。

4.取样

在整个试验进行前、试验中或试验结束后，铜片与水接触会引起变色，使铜片评定造成困难，因此如果看到试样中有悬浮（浑浊），则用一张中速定性滤纸把足够体积的试样过滤到一个清洁、干燥的试管中。否则，试验样品不允许预先用滤纸过滤，以防止具有腐蚀活性的物质损失。

5.腐蚀级别的确定

当一块铜片的腐蚀程度恰好处于两个相邻的标准色板之间时，则按变色或失去光泽较为严重的腐蚀级别给出测定结果。

七、考核评价

汽油、柴油铜片腐蚀测定的考核评价表

序号	考核项目	评分要素	配分	评分要点	扣分	得分	备注
1		任务单	10	书写规范 工作原理明确 设计方案完整			
2		仪器准备	30	试管 恒温槽 铜片			
3	汽油、柴油铜片腐蚀测定	取样	10	取样前应摇匀试样 检查试样水分 取样量符合要求			
4		恒温测定	10	温度恒定			
5		比对判断	30	取出铜片 洗涤 比对			
6		综合素质	10	工作态度 团队合作 发现问题、分析问题、解决问题的能力			
		重大失误	10	损坏仪器			
总评	100						

考评教师：　　　　　　　　　　　　　　　　　　　年　　月　　日

任务三 柴油运动黏度的测定

一、任务目标

1. 解读石油产品运动黏度的测定标准（GB/T 265—1988）；
2. 掌握石油产品运动黏度的测定方法和操作技能；
3. 掌握石油产品运动黏度测定结果的计算方法。

二、仪器与试剂

1. 仪器

常用规格的玻璃毛细管黏度计一组（毛细管内径为 0.8mm、1.0mm、1.2mm、1.5mm；测定时，应根据试验温度选用合适的黏度计，必须使试样流动时间不少于 200s）；恒温浴（恒温浴液体的选择见表 3-5）；玻璃水银温度计 [38～42℃，1 支，98～100℃，1 支，符合 GB/T 514—1983(1991)《石油产品试验用温度计技术条件》]；秒表（分度 0.1s，1 块）。

2. 试剂

溶剂油或石油醚（60～90℃，化学纯）；铬酸洗液；95％乙醇（化学纯）；试样（车用柴油）。

三、实验步骤

1. 准备工作

(1) 试样预处理 试样含有水或机械杂质时，在试验前必须经过脱水处理，用滤纸过滤除去机械杂质。

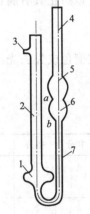

图 3-2 玻璃毛细管黏度计
示意图

1,5,6—扩张部分；2,4—管身；3—支管；7—毛细管；a，b—标线

(2) 清洗黏度计 在测定试样黏度之前，必须用溶剂油或石油醚洗涤黏度计，如果黏度计沾有污垢，可用铬酸洗液、水、蒸馏水或用 95％乙醇依次洗涤。然后放入烘箱中烘干或用通过棉花滤过的热空气吹干。

(3) 装入试样 测定运动黏度时，选择内径符合要求的清洁、干燥的毛细管黏度计（见图 3-2），吸入试样。在装试样之前，将橡皮管套在支管 3 上，并用手指堵住管身 2 的管口，同时倒置黏度计，将管身 4 插入装着试样的容器中，利用洗耳球（或水流泵、真空泵）将试样吸到标线 b，同时注意不要使管身 4、扩张部分 5 和 6 中的试样产生气泡和裂隙。当液面达到标线 b 时，从容器中提出黏度计，并迅速恢复至正常状态，同时将管身 4 的管端外壁所沾着的多余试样擦去，并从支管 3 取下橡皮管，套在管身 4 上。

(4) 安装仪器 将装有试样的黏度计浸入事先准备妥当的恒温浴中，并用夹子将黏度计固定在支架上，固定位置时，必须把毛细管黏度计的扩张部分 5 浸入一半。

温度计要利用另一支夹子固定，务使水银球的位置接近毛细管中央点的水平面，并使温度计上要测温的刻度位于恒温浴的液面上 10mm 处。

$$t = t_1 + \Delta t \tag{3-2}$$

$$\Delta t = kh(t_1 - t_2)$$

式中 t——经校正后的测定温度，℃；

t_1——测定黏度时的规定温度，℃；

t_2——接近温度计液柱露出部分的空气温度，℃；

Δt——温度计液柱露出部分的校正值，℃；

k——常数，水银温度计采用 $k=0.00016$，酒精温度计采用 $k=0.001$；

h——露出浴面的水银柱或酒精柱高度，℃。

2. 调整温度计位置

将黏度计调整成为垂直状态，要利用铅垂线从两个相互垂直的方向去检查毛细管的垂直情况。将恒温浴调整到规定温度，把装好试样的黏度计浸入恒温浴内，按表 3-2 规定的时间恒温。试验温度必须保持恒定，波动范围不允许超过 ±0.1℃。

表 3-2　黏度计在恒温浴中的恒温时间

试验温度/℃	恒温时间/min	试验温度/℃	恒温时间/min
80,100	20	20	10
40,50	15	−50～0	15

3. 调试试样液面位置

利用毛细管黏度计管身 4 所套的橡皮管将试样吸入扩张部分 6 中，使试样液面高于标线 a。

4. 测定试样流动时间

观察试样在管身中的流动情况，液面恰好到达标线 a 时，开动秒表；液面正好流到标线 b 时，停止计时，记录流动时间。应重复测定，至少 4 次。按测定温度不同，每次流动时间与算术平均值的差值应符合表 3-3 中的要求。最后，用不少于 3 次测定的流动时间计算算术平均值，作为试样的平均流动时间。

表 3-3　不同温度下，允许单次测定流动时间与算术平均值的相对误差

测定温度范围/℃	允许相对测定误差/%	测定温度范围/℃	允许相对测定误差/%
<−30	2.5	15～100	0.5
−30～15	1.5		

四、计算

在温度为 t 时，试样的运动黏度按式(3-8) 计算。

五、精密度及报告

用下述规定来判断结果的可靠性（95% 置信水平）。

1. 重复性

两个结果之差，不应超过表 3-4 所列数值。

表 3-4　不同测定温度下，运动黏度测定重复性要求

黏度测定温度/℃	重复性/%	黏度测定温度/℃	重复性/%
−60～<−30	算术平均值的 5.0	15～100	算术平均值的 1.0
−30～<15	算术平均值的 3.0		

2. 再现性

当黏度测定温度范围为 15～100℃时，两个结果之差不应超过算术平均值的 2.2%。

黏度测定结果数值取四位有效数字，两个结果的算术平均值，作为试样的运动黏度。

六、注意事项

1. 温度控制

油品黏度随温度变化很明显，为此规定试验温度必须控制恒定在所要求温度的 ±0.1℃

以内，否则哪怕是极小的波动，也会使测定结果产生较大的误差。

为维持稳定的测定温度，要求试验使用的恒温浴高度不小于180mm，容积不小于2L，设有自动搅拌装置和能够准确调温的电热装置。根据测定条件，要在恒温浴内注入表3-5中列举的一种液体。

表3-5 不同测定温度下使用的恒温浴液体

测定温度/℃	恒 温 浴 液 体
50～100	透明矿物油[①]、丙三醇（甘油）或25％硝酸铵溶液
20～50	水
0～20	水与冰的混合物或乙醇与干冰（固体二氧化碳）的混合物
0～—50	乙醇与干冰的混合物（若没有乙醇，可用车用无铅汽油代替）

① 恒温浴中的矿物油最好加有抗氧化添加剂，以防止氧化，延长使用时间。

2. 流动时间

试样通过毛细管黏度计的流动时间要控制在不少于200s，内径为0.4mm的黏度计流动时间不少于350s。以确保试样在毛细管内处于层流状态，符合式(3-6)的使用条件，试样通过时间过短，易产生湍流，会使测定结果产生较大偏差；通过时间过长，不易保持温度恒定，也可引起测定偏差。

3. 黏度计位置

黏度计必须调整成垂直状态，否则会改变液柱高度，引起静压差的变化，使测定结果出现偏差。黏度计向前倾斜时，液面压差增大，流动时间缩短，测定结果偏低。黏度计向其他方向倾斜时，都会使测定结果偏高。

4. 气泡的产生

吸入黏度计的试样不允许有气泡，气泡不但会影响装油体积，而且进入毛细管后还能形成气塞，增大流体流动阻力，使流动时间增长，测定结果偏高。

5. 试样预处理

试样必须脱水、除去机械杂质。试样含水，在较高温度下进行测定时会气化；在低温下测定时则会凝结，均影响试样的正常流动，使测定结果产生偏差。杂质的存在，易黏附于毛细管内壁，增大流动阻力，使测定结果偏高。

七、考核评价

车用柴油运动黏度测定的考核评价表

序号	考核项目	评分要素	配分	评分要点	扣分	得分	备注
1		任务单	10	书写规范 工作原理明确 设计方案完整			
2	测定柴油闪点	仪器准备	10	检查仪器及计量器具（秒表、黏度计、温度计等） 检查温度计放置位置 仪器恒温			
3		取样	10	黏度计选择正确 取样前应摇匀试样 检查试样水分 取样量符合要求			

续表

序号	考核项目	评分要素	配分	评分要点	扣分	得分	备注
4		装样	20	黏度计中装入油样 不应有气泡			
5		安装	10	黏度计浸没深度符合规定;黏度计垂直			
6	测定柴油闪点	黏度测定	20	恒温 试样流动时间符合要求 测定次数符合规定			
7		记录	10	记录无涂改、漏写 精密度			
8		综合素质	10	工作态度 团队合作 发现问题、分析问题、解决问题的能力			
		重大失误	−10	损坏仪器			
总评			100				

考评教师: 　　　　　　　　　　　　　　　　　　　　　　　　　　　年 　月 　日

任务四　柴油凝点的测定

一、任务目标

1. 解读凝点的测定标准［GB/T 510—1983(1991)］;
2. 掌握凝点的测定方法和操作技术;
3. 了解凝点对油品使用的重要性。

二、仪器与试剂

1. 仪器

圆底试管（1 支,高度 160mm±10mm,内径 20mm±1mm,在距管底 30mm 的外壁处有一环形标线）;圆底玻璃套管（高度 130mm±10mm,内径 4mm±2mm）;盛放冷却剂用的广口保温瓶或筒形容器（高度不少于 160mm,内径不少于 120mm）;温度计［符合 GB/T 514—83(91)《石油产品试验用液体温度计技术条件》的规定,−30~60℃,最小分度 1℃,2 支;0~100℃,1 支］;支架（用于固定套管、冷却剂容器和温度计）;水浴。

2. 试剂及材料

无水乙醇（化学纯）;冷却剂（试验温度在 0℃ 以上用水和冰;在 −20~0℃ 用盐和碎冰或雪;−20℃ 以下用工业乙醇和干冰）;试样（车用柴油）。

三、实验步骤

1. 试样脱水

若试样含水量大于产品标准允许范围,必须先行脱水。对含水多的试样应先静置,取其澄清部分进行脱水。对易流动的试样,脱水时加入新煅烧的粉状硫酸钠或小粒氯化钠,定期振摇 10~15min,静置,用干燥的滤纸滤取澄清部分。对黏度大的试样,先预热试样不高于 50℃,再通过食盐层过滤。食盐层的制备是在漏斗中放入金属网或少许棉花,然后再铺上新煅烧的粗食盐结晶。含水多时,需要经过 2~3 个漏斗的食盐层过滤。

2. 在干燥清洁的试管中注入试样

使液面至环形刻线处,用软木塞将温度计固定在试管中央,水银球距管底 8~10mm。

3. 预热试样

将装有试样和温度计的试管垂直浸在 50℃±1℃ 的水浴中，直至试样温度达到 50℃±1℃ 为止。

4. 冷却试样

从水浴中取出试管，擦干外壁，将试管安装在套管中央，垂直固定在支架上，在室温条件下静置，使试样冷却到 35℃±5℃。然后将试管放入装好冷却剂的容器中。冷却剂温度要比试样预期凝点低 7~8℃。外套管浸入冷却剂的深度不应少于 70mm。

5. 测定试样凝点

当试样冷却到预期凝点时，将浸在冷却剂中的试管倾斜 45°，保持 1min，然后小心取出仪器，迅速地用工业乙醇擦拭套管外壁，垂直放置仪器，透过套管观察试样液面是否有过移动。

当液面有移动时，从套管中取出试管，重新预热到 50℃±1℃，然后用比前次低 4℃ 的温度重新测定，直至某试验温度能使试样液面停止移动为止。

当液面没有移动时，从套管中取出试管，重新预热到 50℃±1℃，然后用比前次高 4℃ 的温度重新测定，直至某试验温度能使试样液面出现移动为止。

6. 确定试样凝点

找出凝点的温度范围（液面位置从移动到不移动或从不移动到移动的温度范围）之后，采用比移动的温度低 2℃ 或比不移动的温度高 2℃ 的温度，重新进行试验。如此反复试验，直至能使液面位置静止不动而提高 2℃ 又能使液面移动时，取液面不动的温度作为试样的凝点

7. 重复测定

试样的凝点必须进行重复测定，第二次测定时的开始试验温度要比第一次测出的凝点高 2℃。

四、精密度及报告

置信水平为 95% 的精密度如下：

1. 重复性

两次结果之差不应超过 2℃。

2. 再现性

两个结果之差不应超过 4℃。

取重复测定的两个结果的算术平均值作为试样的凝点。

五、注意事项

1. 试样预处理

若试样含水量大于产品标准允许范围，测定前必须先行脱水处理。

2. 温度计的安装

温度计必须固定在试管中央，不能活动，防止影响石蜡结晶的形成，造成测定结果偏低；水银球距试管底部 8~10mm，否则结果偏低。

3. 冷却温度、速度控制

控制冷浴温度比预期凝点低 7~8℃，必须准确到 ±1℃。温度过低，冷却速度过快，晶体结构形成不及时，测定结果偏低；温度过高，冷却速度过慢，结晶快，阻止油品流动，使结果偏高。

试样凝点低于 0℃ 时，应事先在套管底部注入 1~2mm 无水乙醇；试验温度低于 -20℃ 时，应先除去套管，将试管在室温条件下升温到 -20℃，再水浴加热。

六、考核评价

车用柴油凝点测定的考核评价表

序号	考核项目	评分要素	配分	评分要点	扣分	得分	备注
1	测定柴油凝点	任务单	10	书写规范 工作原理明确 设计方案完整			
2		仪器准备	20	检查温度计 试管 恒温 50℃±1℃水浴 冷浴			
3		取样	10	取样前摇匀试样 取样量应符合要求			
4		安装	10	温度计安装 试管安装			
5		凝点测定	30	观察凝点			
6		记录	10	记录无涂改、漏写 精密度			
7		综合素质	10	工作态度 团队合作 发现问题、分析问题、解决问题的能力			
		重大失误	—10	损坏仪器			
	总评		100				

考评教师：　　　　　　　　　　　　　　　　　　　年　　月　　日

任务五　柴油冷滤点的测定

一、任务目标

1. 解读油品冷滤点的测定标准（SH/T 0248—2006）；
2. 掌握柴油冷滤点测定的方法原理和操作技能；
3. 了解低温环境的制造技术。

二、仪器与试剂

1. 仪器及材料

试杯（玻璃制，平底筒形，杯上 45mL 处有一刻线，规格见图 3-3）；套管（黄铜制，平底筒形，内径 45mm，壁厚 1.5mm，管高 113mm）；温度计（冷滤点等于或高于−30℃时，用−38～50℃的温度计；冷滤点小于−30℃时，用−88～20℃温度计）；过滤器（各部件均为黄铜制，内有黄铜镶嵌 330 目的 004 号不锈钢丝网，用带有外螺纹和支脚的圈环自下端旋入，紧固）；吸量管（玻璃制，20mL 处有一刻线，见图 3-4）；三通阀（玻璃制，分别与吸量管上部、抽空系统和大气相通）；橡胶塞（用以堵塞试杯的上口。塞子上有三个孔，各用来装温度计、吸量管和通大气支管。稳压水槽上的塞子也有三个孔，分别用来连接水流泵、试验系统和大气）；聚四氟乙烯隔环和垫圈；冷浴（如果冷浴中放入多个套管，各套管之间距离至少为 50mm。冷却剂可用乙醇加干冰）；抽真空系统（有 U 形管压差计、稳压水槽和水流泵组成）；秒表（1 块，分度为 0.1～0.2s）；电吹风机（1 把）。

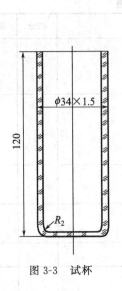

图 3-3 试杯

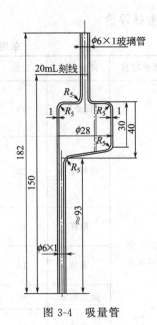

图 3-4 吸量管

2. 试剂

溶剂油 [符合 GB 1922—1980（1988）《溶剂油》中的 90 号或 SH 0005—1990（1998）《油漆工业溶剂油》中的规定]；无水乙醇（化学纯）；苯（化学纯）；柴油；试样（车用柴油）。

三、试验步骤

1. 准备工作

（1）试样除杂　试样如有杂质，必须将试样加热到 15℃ 以上，用不起毛的滤纸过滤。

（2）试样脱水　若试样含水，应加入煅烧并冷却的食盐、硫酸钠或无水氯化钙处理，脱水后才能进行测定。

（3）安装套管　将套管用支持环固定在冷浴盖孔中，套管口用塞子塞紧。

（4）准备冷浴　按估计的冷滤点，准备不同温度和数目的冷浴。

在整个操作过程中，冷浴要搅拌均匀。

2. 安装装置

将装有温度计、吸量管（已预先与过滤器接好）的橡胶塞塞入盛有 45mL 试样的试杯中，使温度计垂直，温度计距试杯底部应保持 1.3～1.7mm，过滤器垂直放于试杯底部，然后置于热水浴中，使油温达到 30℃±5℃。打开套管口塞子，将准备好的试杯垂直放置于预先冷却到预定温度冷浴中的套管内。

3. 连接抽真空系统（见图 3-5）

将抽真空系统与吸量管上的三通阀连接好。在进行测定前，不要让吸量管与抽空系统接通。启动水流泵进行抽空。U 形管压差计应稳定在 1.961kPa（200mm H_2O）的压差。

4. 测定冷滤点

当试样冷却到比预期温度（一般比冷滤点高 5～6℃）时，开始第一次测定。转动三通阀，使抽空系统与吸量管接通，同时用秒表计时。由于真空作用，试样开始通过过滤器，当试样上升到吸量管 20mL 刻线处，关闭三通阀，停止计时，转动三通阀，使吸量管与大气相通，试样自然流回试杯。

5. 确定冷滤点

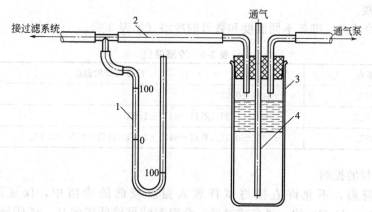

图 3-5　抽真空系统组装图

1—U 形管压力计；2—橡皮管；3—稳压水槽；4—导气管

每降低 1℃，重复测定操作，直至通过过滤器的试样不足 20mL 为止。记下此时的温度，即为试样冷滤点。

6. 试验仪器洗涤与整理

试验结束时，将试杯从套管中取出，加热熔化，倒出试样，洗涤仪器。往试杯内倒入 30～40mL 溶剂油，用洗耳球由三通阀反复抽吸溶剂油 4～5 次。试验时设备内有试样流过的地方都要用溶剂油洗到。倒出洗涤过的溶剂油，再用干净的溶剂油重复洗涤 1 次。最后将试杯、过滤器和吸量管用吹风机分别吹干。

试杯从套管中取出后，套管口要塞上塞子，防止空气中的湿气在套管中冷凝成水。

夏季操作时空气湿度大，要严防设备外壁凝聚的水珠沿管壁流进试样中。

四、精密度及报告

用下述规定判断试验结果的可靠性（95％置信水平）。

1. 重复性

同一操作者重复测定两个结果之差，不应超过 1℃。

2. 再现性

由两个实验室各自提出的结果之差，不应超过图3-6的范围。

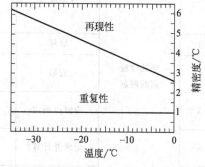

图 3-6　冷滤点的精密度图

或由式(3-3) 计算 R 的数值。

$$R = 0.103(25 - \bar{x}) \tag{3-3}$$

取两次重复试验结果的算术平均值，作为本次试验结果。

五、注意事项

1. 试样有预处理

含水试样，脱水后才能进行测定；试样中如有杂质，先将试样加热到 15℃ 以上，用不起毛的滤纸过滤，除去杂质，防止堵塞过滤器。

2. 温度计的选用

高范围温度计（GB/T 514 中 GB-37）：温度范围 −38～50℃，用于测定冷滤点高于 −30℃（含 −30℃）的样品；低范围温度计（GB/T 514 中 GB-36）：温度范围 −80～20℃，用于测定冷滤点低于 −30℃ 的样品；冷浴用温度计：温度范围 −80～20℃。

3. 冷浴温度

按估计的冷滤点，准备不同温度和数目的冷浴（见表3-6）。

表 3-6　冷浴温度

预期冷滤点	冷浴需要的温度
高于−20℃	−34℃±0.5℃
−20～−35℃	−34℃±0.5℃，然后−51℃±1.0℃
低于−35℃	−34℃±0.5℃，然后−51℃±1.0℃，最后−67℃±2.0℃

4. 试验条件的控制

必须逐级降温，不允许直接将试样放入温度较低的冷浴中，保证压力差稳定在 1.961kPa（200mmH$_2$O）的，过高或过低，会引起结果偏低或偏高。试样量要控制 45mL，过多或过少会影响真空度。

5. 不锈钢网的更换

不锈钢网使用 20 次后要重新更换。

六、考核评价

车用柴油冷凝点测定的考核评分表

序号	考核项目	评分要素	配分	评分要点	扣分	得分	备注
1		任务单	10	书写规范 工作原理明确 设计方案完整			
2		仪器准备	10	检查仪器 水浴 30℃±5℃ 冷浴温度−17℃±1℃是否符合要求 U 形管压差计			
3		取样	10	检查试样,取样前将试样混匀			
4	柴油冷滤点的测定	安装	20	冷滤点测定器安装 试杯安装			
5		冷滤点测定	30	降温 抽吸			
6		记录并计算	10	记录无涂改、漏写 精密度			
7		综合素质	10	工作态度 团队合作 发现问题、分析问题、解决问题的能力			
		重大失误	−10	损坏仪器			
	总评		100				

考评教师：　　　　　　　　　　　　　　　　　　　　　　　年　　月　　日

任务六　柴油灰分的测定

一、任务目标

1. 解读灰分测定的标准［GB 508—1985(1991)］；
2. 掌握灰分测定的操作技能及计算方法。

二、仪器与材料

1. 仪器

瓷坩埚或瓷蒸发皿（50mL）；电热板或电炉；高温炉（能加热到恒定于775℃±25℃温控系统）；干燥器（不装干燥剂）。

2. 试剂与材料

柴油或润滑油；盐酸（化学纯，配成1:4的水溶液）；定量滤纸（直径9cm）；硝酸铵（分析纯，配成10%的水溶液）；试样（车用柴油）。

三、实验步骤

1. 准备工作

（1）瓷坩埚的准备　将稀盐酸（1:4）注入瓷坩埚（或瓷蒸发皿）内煮沸几分钟，用蒸馏水洗涤。烘干后再放入高温炉中，在775℃±25℃温度下煅烧至少10min，取出在空气中至少冷却3min，移入干燥器中。冷却30min后，称量，准确至0.0002g。

（2）试样的准备　将瓶中柴油试样（其量不得多于该瓶容积的3/4），剧烈摇动至均匀。对黏稠的润滑油试样可预先加热至50～60℃，摇匀后取样。

2. 准确称量坩埚、试样

将已恒重的坩埚称准至0.0002g，并以同样的准确度称取试样25g，装入50mL坩埚内。

3. 安放引火芯

用一张定量滤纸叠两折，卷成圆锥形，从尖端剪去5～10mm后，平稳地插放在坩埚内油中，作为引火芯，要将大部分试油表面盖住。

4. 加热含水试样

测定含水的试样时，将装有试样和引火芯的坩埚放置于电热板上，开始缓慢加热，使其不溅出，让水慢慢蒸发，直到浸透试样的滤纸可以燃着为止。

5. 引火芯浸透试样后，点火燃烧

试样的燃烧应进行到获得干性炭化残渣时为止，燃烧时，火焰高度维持在10cm左右。

6. 高温炉煅烧

试样燃烧后，将盛残渣的坩埚移入已预先加热到775℃±25℃高温炉中，在此温度下保持1.5～2h，直到残渣完全成为灰烬。

7. 重复煅烧

残渣成灰后，将坩埚在空气中冷却3min，然后在干燥器内冷却约30min，进行称量，称准至0.0002g，再移入高温炉中煅烧15min。重复进行煅烧、冷却及称量，直至连续称量之差不大于0.0004g。

四、精密度及报告

重复测定两次结果间的差值，不应超过下列数值，见表3-7。

表3-7　同一实验者连续两次测定结果的允许误差

灰分 w/%	允许差值/%	灰分 w/%	允许差值/%
0.005 以下	0.002	0.01～0.1	0.005
0.005～0.01	0.003	0.1 以上	0.01

取重复测定两次结果的算术平均值，作为试样的灰分。

五、注意事项

1. 对黏稠的或含蜡的试样，一边燃烧一边在电炉上加热。燃烧开始时，调整加热强度，使试样不溅出，也不从坩埚边缘溢出。

2. 重复煅烧、冷却及称量，直至连续两次称量之差不大于 0.0004g 为止。每次放入干燥器中冷却的时间应相同。

3. 如果残渣难烧成灰，则在坩埚冷却后滴入几滴硝酸铵溶液，浸湿残渣，然后仔细将其蒸发并继续煅烧。

4. 滤纸灰分质量需做空白试验校正。

六、考核评价

车用柴油灰分测定的考核评价表

序号	考核项目	评分要素	配分	评分要点	扣分	得分	备注
1		任务单	10	书写规范 工作原理明确 设计方案完整			
2		仪器准备	20	瓷坩埚 称量			
3		取样	10	取样前摇匀试样 取样量应符合要求			
4	测定柴油灰分	安装	10	引火芯安放			
5		灰分测定	30	加热 燃烧 高温炉煅烧 称量			
6		记录	10	记录无涂改、漏写 精密度			
7		综合素质	10	工作态度 团队合作 发现问题、分析问题、解决问题的能力			
		重大失误	−10	损坏仪器			
总评			100				

考评教师：　　　　　　　　　　　　　　　　　　　　　　　　　　年　月　日

【知识链接】

一、柴油规格

1. 柴油规格标准

车用柴油标准是 GB 19147—2009《车用柴油》，该标准是参照采用欧盟标准 EN 590—1999《车用柴油》制定的，排放达到欧Ⅲ标准，满足国际贸易和环保要求，于 2009 年发布，2010 年 1 月 1 日实施。该标准主要是对城市车用柴油而定，属于强制实施标准，其实施可依据各地环保部门的具体要求而定。

普通柴油标准为 GB 252—2011《普通柴油》，残渣型船用燃料油标准执行 GB/T 17411—1998《船用燃料》。

2. 柴油质量要求

普通柴油和车用柴油的馏程、铜片腐蚀、水分、机械杂质、总不溶物、10％蒸余物残炭值、灰分、凝点、冷滤点和运动黏度等指标要求相同，其他质量指标略有差异，车用柴油要求更高。此外，车用柴油还对密度提出了具体要求；而普通柴油还有色度和酸度两项指标。车用柴油的技术要求和试验方法见表 3-8。

表 3-8　车用柴油质量要求和试验方法

项 目	质量指标（GB 19147—2009）						试验方法
	5号	0号	−10号	−20号	−35号	−50号	
氧化安定性,总不溶物/(mg/100mL)　不大于	2.5						SH/T 0175
硫含量 w/% 　不大于	0.035						GB/T 380
10%蒸余物残炭 w/% 　不大于	0.3						GB/T 268
灰分 w/% 　不大于	0.01						GB/T 508
铜片腐蚀(50℃,3h)/级 　不大于	1						GB/T 5096
水分 φ/% 　不大于	痕迹						GB/T 260
机械杂质	无						GB/T 511
润滑性　磨痕直径(60℃)/μm 　不大于	460						SH/T 0765
多环芳烃含量(质量分数)/% 　不大于	11						SH/T 0606
运动黏度(20℃)/(mm²/s)	3.0～8.0		2.5～8.0		1.8～7.0		GB/T 265
凝点/℃ 　不高于	5	0	−10	−20	−35	−50	GB/T 510
冷滤点/℃ 　不高于	8	4	−5	−14	−29	−44	SH/T 0248
闪点(闭口)/℃ 　不低于	55			50	45		GB/T 261
着火性(需满足下列要求之一) 十六烷值 　不小于 或十六烷指数 　不小于	49 46			46 46	45 43		GB/T 386 GB/T 11139 SH/T 0694
馏程： 50%回收温度/℃ 　不高于 90%回收温度/℃ 　不高于 95%回收温度/℃ 　不高于	300 355 365						GB/T 6536
密度(20℃)/(kg/m³)	810～850			790～840			GB/T 1884 GB/T 1885
脂肪酸甲酯(体积分数)/% 　不大于	0.5						GB/T 23801

二、柴油的蒸发性

1. 质量要求

在燃烧室与喷油设备一定的条件下，柴油发动机中油气混合气的形成速度与质量决定于柴油的蒸发性，由于高速柴油机油气混合气形成的时间极短，故对柴油的蒸发性有较高要求。

普通柴油和车用柴油主要用于高速柴油机，它对蒸发性的质量要求是：在很短的时间内能完全蒸发，迅速与空气形成均匀的可燃性混合气，以保证发动机正常、稳定地运转。

普通柴油和车用柴油的蒸发性主要是用馏程与闪点来评价。

2. 馏程

与汽油略有不同，车用柴油的馏程主要用 50%、90% 和 95% 回收温度评价。

（1）测定意义　50%回收温度影响普通柴油和车用柴油的启动性。该点温度低，表明柴油中的轻质馏分含量多，柴油机易于启动，我国普通柴油和车用柴油要求 50％回收温度不高于 300℃。

90％与 95％回收温度影响车用柴油的燃烧完全性。该两点温度过高，表明柴油中重质馏分含量过多，易使其燃烧不充分，这不仅增大油耗，降低柴油机的动力性，而且还加大机械磨损，易引起发动机过热。我国普通柴油和车用柴油要求 95％回收温度不高于 365℃。

柴油的馏分过轻、过重都不适宜，我国普通柴油和车用柴油馏程一般控制在 200～380℃范围内。

(2) 检验方法　普通柴油和车用柴油的馏程测定也按 GB/T 6536—2010《石油产品常压蒸馏特性测定法》进行。但与汽油相比，除测定项目不同外，其取样条件、仪器准备及测定条件也略有差异。例如，样品的储存温度要求在室温下即可，而不是 0～10℃；若试样含水，需用无水硫酸钠或其他合适的干燥剂干燥，再用倾注法除去，而无需另取试样；蒸馏烧瓶支板孔径为 50mm，而不是 38mm；蒸馏烧瓶和温度计温度不高于室温，不是限制在 13～18℃；量筒和 100mL 试样温度为 13℃～室温之间，而不是 13～18℃；试验过程中冷浴温度控制在 0～60℃内，可根据试样含蜡量控制操作允许的最低温度，不是限制在 0～1℃之间；量筒周围的温度为试样温度±3℃；从开始加热到初馏点的时间限制在 5～15min。

3. 闪点

闪点是将可燃性液体在专门仪器和规定条件下加热，其蒸气与空气形成的混合气与火焰接触，发生瞬间闪火的最低温度。闪点既是评价柴油蒸发倾向的指标，又是确保其安全性的指标。

根据测定仪器的不同，闪点又分为开口闪点与闭口闪点两种，普通柴油和车用柴油的蒸发倾向用闭口闪点评价。

(1) 测定意义　一般来说，低闪点柴油蒸发性好；但过低的闪点，也会引起柴油燃烧猛烈，致使柴油机工作不稳定。

另外，闪点又是柴油储运及使用中的安全指标，其要求通常随发动机工作条件和油箱的位置而不同。柴油在使用前如需预热，其加热温度应低于闪点 10～20℃。

(2) 检验方法　普通柴油和车用柴油闪点的测定有老标准 GB/T 261—1983(1991)《石油产品闪点测定法（闭口杯法）》和新标准 GB/T 261—2008《闪点的测定　宾斯基-马丁闭口杯法》，目前手动测定仪只能采用老标准进行，自动测定仪可以采用新标准进行。两个标准分别参照采用了 ISO 2719—1988 和 ISO 2719—2002，适用于测定燃料油、润滑油等油品的闭口杯闪点。

测定时，将试样装入油杯至环状刻线处，在连续搅拌下加热，按要求控制恒定的升温速度，在规定温度间隔内用一小火焰进行点火试验，点火时必须中断搅拌，试样表面上蒸气闪火时的最低温度，即为闭口杯法闪点。

三、柴油的着火性

1. 质量要求

(1) 柴油机的抗爆性　柴油机工作过程也分为吸气、压缩、膨胀作功和排气四个行程；不同的是柴油机吸入与压缩的是空气，而不像汽油机那样的空气与燃料的混合气体，压缩终了温度可达 500～700℃，压力达 3.5～4.5MPa，已超过柴油的自燃点，这时喷入气缸的燃料靠自燃而膨胀做功，所以柴油机又称为压燃式发动机。

从理论上讲，柴油喷入燃烧室，便已具备了着火燃烧的基本条件。但实际上从柴油喷入至自燃，往往还有一定的时间间隔，这是由于柴油需完成与空气充分混合、先期氧化及形成局部着火点等物理化学准备的缘故。从喷油器开始喷油到柴油开始着火这段时间，称为着火滞后期或滞燃期。着火滞后期很短，通常为百分之几秒到千分之几秒，但它对柴油机工作状况的影响却很大。

正常情况下，柴油的自燃点较低，着火滞后期短，燃料着火后，边喷油、边燃烧，发动机工作平稳，热功效率高。但如果柴油的自燃点过高，则着火滞后期延长，以至于在开始自燃时，气缸内积累较多的柴油同时自燃，温度和压力剧烈增高，冲击活塞头剧烈运动而发出金属敲击声，这称为柴油机工作粗暴。柴油机工作粗暴同样会使燃料燃烧不完全，形成黑烟，油耗增大，功率降低，并使机件磨损加剧，甚至损坏。

柴油机工作粗暴与汽油机有着本质的不同。汽油机是点火燃烧的，其爆震是由于火焰前沿还没传播到的那部分混合气生成的过氧化物自行燃烧而致，一般发生在燃烧末期；而柴油机是压燃的，其爆震是由于柴油着火性差，滞燃期过长而致，一般发生在燃烧的初期。

（2）影响柴油机粗暴的因素 影响柴油机粗暴的因素较多，其中柴油的着火性（或称发火性）是主要因素之一。柴油着火性是指柴油的自燃能力，着火性好的柴油，滞燃期短，燃烧后缸内压力上升平缓，柴油机工作稳定。柴油着火性的好差与其化学组成及馏分组成密切相关。实验表明，相同碳原子数的不同烃类，正构烷烃的滞燃期最短，无侧链稠环芳烃的滞燃期最长，正构烯烃、环烷烃、异构烷烃居中；烃类异构化程度越高，环数越多，其滞燃期越长；芳烃和环烷烃随侧链长度的增加，其滞燃期缩短，而随侧链分支的增多，滞燃期显著加长；对相同的烃类来说，相对分子质量越大，热稳定性越差，自燃点越低，其滞燃期越短。由相同类型原油生产的柴油，直馏柴油的滞燃期要比催化裂化、热裂化及焦化生产的柴油短，其原因就在于化学组成发生了变化，催化裂化柴油含有较多芳烃，热裂化和焦化柴油含有较多烯烃，因此滞燃期有所加大。经过加氢精制的柴油，由于其中的烯烃转变为烷烃，芳烃转变为环烷烃，故滞燃期明显缩短。为提高柴油的抗粗暴性能，可将滞燃期长的热裂化、焦化柴油和部分滞燃期较短的直馏柴油掺和使用，此即柴油的调和。此外还可采用加入添加剂的手段，改善柴油的着火性，常用的添加剂是硝酸烷基酯。

影响柴油机粗暴的因素与汽油机有着根本的不同。汽油机提高压缩比或增高气缸温度会促发爆震，而柴油机提高压缩比或增高气缸温度却能减轻粗暴。原因在于柴油机压缩的是空气，而不是空气与燃料的混合气体，不受燃料性质的影响，因此压缩比可以尽可能的增大（可高达 $16 \sim 24$），使燃料转化为功的效率显著提高，实际上柴油机燃料的单位消耗率比汽油机低 $30\% \sim 70\%$，非常经济。

（3）质量要求 要求普通柴油和车用柴油有良好的燃烧性，十六烷值适宜，自燃点低，燃烧完全，发动机工作稳定性好，不发生粗暴现象，能发挥应有的功率。

普通柴油和车用柴油的着火性是评价柴油燃烧性能（抗爆性）的重要指标，具体用十六烷值和十六烷指数来评定。

2. 十六烷值

（1）概念 十六烷值是表示柴油在发动机中着火性能的一个约定量值。它是在规定操作条件的标准发动机试验中，将柴油试样与标准燃料进行比较测定。当两者具有相同的着火滞后期时，标准燃料的正十六烷值即为试样的十六烷值。

标准燃料是用抗爆性能好的正十六烷和抗爆性能较差的七甲基壬烷按不同体积比配制成的混合物。规定正十六烷的十六烷值为100，七甲基壬烷的十六烷值为15，则试样的十六烷值为

$$CN = \varphi_1 + 0.15\varphi_2 \tag{3-4}$$

式中　CN——标准燃料的十六烷值；

φ_1——标准燃料中正十六烷的体积分数，%；

φ_2——标准燃料中七甲基壬烷的体积分数，%。

计算结果，取两位小数。

(2) 测定意义　通常，十六烷值高的柴油，自燃点低，着火性好，燃烧均匀，易于启动，不易发生爆震现象，发动机热功效率高，使用寿命长。

柴油十六烷值也并非越高越好，使用十六烷值过高（如十六烷值大于 65）的柴油，同样会冒黑烟，燃料消耗量反而增加，其原因是燃料的着火滞后期太短，自燃时还未与空气形成均匀混合气，致使燃烧不完全，部分烃类热分解而形成黑烟；另外，柴油的十六烷值过高，还会减少燃料的来源。从使用性和经济性两方面考虑，使用十六烷值适当的柴油才合理，通常柴油机的转速越大，要求燃料的十六烷值越高。

不同转速的柴油机对柴油十六烷值要求不同。GB 19147—2009 中车用柴油规定，5、0、-10 号车用柴油的十六烷值不小于 49，-20 号车用柴油的十六烷值不小于 46，-35、-50 号车用柴油的十六烷值不小于 45；而 GB 252—2011 中规定普通柴油的十六烷值一律要求不小于 45。

(3) 检验方法　柴油十六烷值按 GB/T 386—1991《柴油着火性质测定法（十六烷值法）》进行，该标准参照采用 ASTM D613—86。测定仪器是一台可改变压缩比的专用单缸柴油机（900r/min），压缩比可调范围为 7.95～23.50，机上装有着火滞后期表及其辅助装置（包括四个电磁传感器，即燃烧传感器、喷油传感器及两个参比传感器）。

3. 十六烷指数

十六烷指数是表示柴油抗爆性能的一个计算值，其计算按 GB/T 11139—1989《馏分燃料十六烷指数计算法》进行，该标准参照采用 ASTM D 976—1980，适用于计算直馏馏分、催化裂化馏分以及两者的混合燃料的十六烷指数。

(1) 意义　它是用来预测馏分燃料十六烷值的一种辅助手段。当原料和生产工艺不变时，可用十六烷指数检验柴油馏分的十六烷值，进行生产过程的质量控制。特别是当试样量很少或不具备发动机试验条件时，计算十六烷指数是估计十六烷值的有效方法。

(2) 计算方法　试样的十六烷指数按式(3-5)计算。

$$CI = 431.29 - 1586.88\rho_{20} + 730.97(\rho_{20})^2 + 12.392(\rho_{20})^3 + 0.0515(\rho_{20})^4 \\ -0.554B + 97.803(\lg B)^2 \tag{3-5}$$

式中　CI——试样的十六烷指数；

ρ_{20}——试样在 20℃时的密度，g/mL；

B——按 GB/T 6536《石油产品蒸馏测定法》测得的试样中沸点，℃。

十六烷指数的计算还可按 SH/T 0694—2000《中间馏分燃料十六烷指数计算法（四变量公式法）》进行。

四、黏度

1. 质量要求

黏度是保证车用柴油正常输送、雾化、燃烧及油泵润滑的重要质量指标。黏度关系到发动机供油系统（滤清器、油泵、喷嘴）的正常工作，黏度过大，油泵效率降低，发动机的供油量减少，同时喷油嘴喷出的油射程远，油滴颗粒大，不均匀，雾化状态不好，与空气混合不均匀，燃烧不完全，甚至形成积炭；黏度过小，则影响油泵润滑，加剧磨损，而且喷油过近，造成局部燃烧，同样会降低发动机功率。因此，高、中、低速柴油机均需要有一个适宜黏度范围的燃料。

普通柴油和车用柴油对黏度的质量要求是：黏度适宜，即具有良好的流动性，以保证高压油泵的润滑和喷油雾化的质量，利于形成良好的混合气。

2. 检验方法

（1）概念　黏度是液体在一定剪切应力流动时内摩擦力的量度。黏度有动力黏度与运动黏度之分，两者有简单的换算关系，车用柴油的黏度用运动黏度评价。

动力黏度是表示液体在一定剪切应力下流动时内摩擦力的量度。当流体处于层流状态时，符合牛顿黏性定律

$$\tau = \frac{F}{S} = \mu \frac{\mathrm{d}v}{\mathrm{d}x} \tag{3-6}$$

式中　τ——剪切应力，即单位面积上的剪力，Pa；

F——相邻两层流体做相对运动时产生的剪力（或称内摩擦力），N；

S——相邻两层流体的接触面积，m^2；

$\frac{\mathrm{d}v}{\mathrm{d}x}$——在与流动方向垂直的方向上的流体速度变化率，称为速度梯度，s^{-1}；

μ——流体的黏滞系数，又称动力黏度，简称黏度，Pa·s。

符合式(3-6)关系的流体称为牛顿型流体。黏滞系数是衡量流体黏性大小的指标，称为动力黏度，简称黏度。其物理意义是：当两个面积为$1m^2$，垂直距离为$1m$的相邻流体层，以$1m/s$的速度做相对运动时所产生的内摩擦力。

运动黏度则是液体在重力作用下流动时内摩擦力的量度。其数值为相同温度下液体的动力黏度与其密度之比。

$$\nu_t = \frac{\mu_t}{\rho_t} \tag{3-7}$$

式中　ν_t——油品在温度t时的运动黏度，m^2/s；

μ_t——油品在温度t时的动力黏度，Pa·s；

ρ_t——油品在温度t时的密度，kg/m^3。

实际生产中，常用mm^2/s作为油品运动黏度单位，$1m^2/s = 10^6 mm^2/s$。

（2）意义　黏度与流体的化学组成密切相关。通常，当碳原子数相同时，各种烃类黏度大小排列的顺序是：正构烷烃＜异构烷烃＜芳香烃＜环烷烃，且黏度随环数的增加及异构程度的增大而增大。在油品中，环上碳原子在油料分子中所占的比例越大，其黏度越大，表现为不同原油的相同馏分，含环状烃多的（特性常数K值小）油品比烷烃多的（K值大）具有更高的黏度。同类烃中，随相对分子质量的增大，分子间引力增大，则黏度也增大，故石油馏分越重，其黏度越大。我国普通柴油和车用柴油按牌号对$20℃$的运动黏度有不同的要求。

（3）检验方法　柴油运动黏度的测定按GB/T 265—1988《石油产品运动黏度测定法和动力黏度计算法》进行，主要仪器是玻璃毛细管黏度计，该法适用于属于牛顿型流体的液体石油产品。

$$\nu_t = C\tau_t \tag{3-8}$$

式中　τ_t——在温度t时，试样的平均流动时间，s；

C——毛细管黏度计常数，m^2/s^2。

对于指定的毛细管黏度计，其直径、长度和液柱高度都是定值。毛细管黏度计常数仅与黏度计的几何形状有关，而与测定温度无关。

式(3-8)表明液体的运动黏度与流过毛细管的时间成正比。因此，只要预先测得毛细管黏度计常数，就可以根据液体流出毛细管的时间计算其黏度。测定时，把被测试样装

入直径合适的毛细管黏度计中,在恒定的温度下,测定一定体积试样在重力作用下流过该毛细管黏度计的时间,黏度计的毛细管常数与流动时间的乘积即为该温度下试样的运动黏度。

在 SH/T 0173—92《玻璃毛细管黏度计技术条件》中规定,应用于石油产品黏度检测的毛细管黏度计分为四种型号,见表 3-9。测定时,应根据试样黏度和试验温度选择合适的黏度计,务必满足试样流动时间不少于 200s,内径为 0.4mm 的黏度计流动时间不少于 350s。

表 3-9　玻璃毛细管黏度计规格型号

型　号	毛细管内径/mm
BMN-1	0.4,0.6,0.8,1.0,1.2,1.5,2.0,2.5,3.0,3.5,4.0
BMN-2	5.0,6.0
BMN-3	1.0,1.2,1.5,2.0,2.5,3.0,3.5,4.0
BMN-4	1.0,1.2,1.5,2.0,2.5,3.0

玻璃毛细管黏度计示意图见图 3-2。不同的毛细管黏度计,其常数 C 值不尽相同,其测定方法如下:用已知黏度的标准液体,在规定条件下测定其通过毛细管黏度计的时间,再根据式(3-8)计算出 C,测定时,要注意选用的标准液体其黏度应与试样接近,以减少误差。通常,不同规格的黏度计出厂时,都给出 C 的标定值。

五、低温流动性

1. 质量要求

油品的低温流动性能是指油品在低温下使用时,维持正常流动,顺利输送的能力。

普通柴油和车用柴油要求有良好的低温流动性能,以保证在使用条件下无结晶析出,不堵塞滤清器,容易泵送,供油正常,发动机易于启动。评定车用柴油低温流动性的指标主要有凝点和冷滤点。

2. 凝点

(1) 概念　石油产品是多种烃类的复杂混合物,在低温下油品是逐渐失去流动性的,没有固定的凝固温度。根据组成不同,油品失去流动性的原因有两种。其一是黏温凝固,对含蜡很少或不含蜡的油品,温度降低,黏度迅速增大,当黏度增大到一定程度时,就会变成无定形的黏稠玻璃状物质而失去流动性,这种现象称为黏温凝固,影响黏温凝固的是油品中的胶状物质以及多环短侧链的环状烃;其二是构造凝固,对含蜡较多的油品,温度降低,蜡就会逐渐结晶出来,当析出的蜡形成网状骨架时,就会将液态的油包在其中而失去流动性,这种现象称为构造凝固,影响构造凝固的是油品中高熔点的正构烷烃、异构烷烃及带长烷基侧链的环状烃。

由于油品的凝固过程是一个渐变过程,所以凝点的高低与测定条件有关。油品的凝点(或称凝固点)是指油品在规定的条件下,冷却至液面不移动时的最高温度,以℃表示。

(2) 测定意义　凝点是油品完全失去流动性的温度,我国普通柴油和车用柴油按凝点划分牌号,如-10 号车用柴油,其凝点不高于-10℃,依此类推。不同地区和气温下,应选用不同牌号的油品。

油品凝点的高低与其化学组成密切相关。当碳原子数相同时,柴油以上馏分的各类烃中,通常正构烷烃熔点最高,带长侧链的芳烃、环烷烃次之,异构烷烃则较小,因此石蜡基原油直馏柴油的凝点要比环烷基原油直馏柴油高得多;油品含水量超标,凝点会明显增高;胶质、沥青质、表面活性剂等能吸附在石蜡结晶中心的表面上,阻止石蜡结晶的生长,防止、延缓石蜡形成网状结构，致使油品凝点下降，因此加入某些表面活性物质（降凝添加剂），可以降低油品的凝点，使油品的低温流动性能得到改善，这是降低柴油凝点最为经济、简便的措施，广泛应用于油品生产中。此外，凝点较高的柴油中掺入裂化柴油也可以明显降低其凝点，如凝点为−3℃的直馏柴油按1∶1的比例掺入−6℃的催化裂化柴油，其调和凝点为−14℃。

（3）检验方法　柴油凝点的测定按 GB/T 510—1983(1991)《石油产品凝点测定法》进行。该标准方法适用于测定深色石油产品及润滑油的凝点。

3. 冷滤点

（1）概念　在规定条件下，柴油试样在60s内开始不能通过过滤器20mL时的最高温度，称为冷滤点，以℃（按1℃的整数倍）表示。其仪器装置见图3-7。

（2）测定意义　对柴油而言，并不是在失去流动性时才不能使用，大量的行车及冷启动试验表明，其最低极限使用温度是冷滤点。冷滤点测定仪是模拟车用柴油在低温下通过滤清器的工作状况而设计的，因此冷滤点比凝点更能反映车用柴油的低温使用性能，它是保证车用柴油输送和过滤性的指标，并且能正确判断添加低温流动改进剂（降凝剂）后的车用柴油质量。

一般冷滤点比凝点高2～6℃，而添加降凝剂的柴油其冷滤点可比凝点高10～15℃，最高者可达30℃。

为保证柴油发动机的正常工作，规定普通柴油和车用柴油要在高于其冷滤点5℃的环境温度下使用。

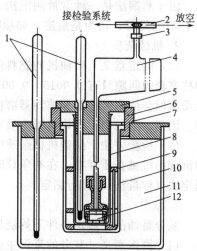

图3-7　冷滤点测定装置
1—温度计；2—三通阀；3—橡皮管；4—吸量管；5—橡皮塞；6—支持环；7—弹簧环；8—试杯；9—固定架；10—铜套管；11—冷浴；12—过滤器

（3）检验方法　柴油冷滤点的测定按 SH/T 0248—2006《柴油和民用取暖油冷滤点测定法》进行，该标准参照采用 IP 309/99《柴油和民用取暖油冷滤点测定法》。

六、清洁性

评价普通柴油和车用柴油清洁性的指标有机械杂质、水分和灰分。

1. 水分

（1）测定意义　水分的存在，将影响柴油的低温流动性，使柴油机运转不稳定，在低温时还可能因结冰而堵塞油路；同时，因溶解带入的无机盐将使柴油灰分增大，并加重硫化物对金属零件的腐蚀作用。所以，普通柴油和车用柴油严格规定水分为痕迹。

（2）检验方法　柴油水分的检验可用目测法，即将试样注入100mL的玻璃量筒中，在室温（20℃±5℃）下静置后观察，应当透明，没有悬浮和沉降的水分。如有争议，可按 GB/T 260—1977(1988)《石油产品水分测定法》进行测定。该方法属于常量分析法，测定装置由蒸馏烧瓶、带刻度的接收器及冷凝管组成。

蒸馏法的测定原理是，将称量好的试样及一定体积的无水溶剂注入蒸馏烧瓶中，加热至沸腾，使溶剂气化并将油品中的水分携带出去，通过接收器支管进入冷凝器中，冷凝回流后进入带刻度的接收器内。由于二者互不相溶，且水的密度比溶剂大，故在接收器内油水分层，水分沉入底部，而溶剂则连续不断地经接收器支管返回蒸馏烧瓶中，在不断加热的情况下，反复气化、冷凝，直至接收器中水的体积不再增加为止。根据接收器内的水量及所取试样量，即可由式(3-9)计算出试样的含水的质量分数。

$$w = \frac{V\rho}{m} \times 100\%$$

(3-9)

式中　w——试样含水质量分数，%；

　　　V——接收器收集水的体积，mL；

　　　ρ——水的密度，g/mL；

　　　m——试样的质量，g。

由于蒸馏法是一种常量测定法，因此只能测定含水量在 0.03% 以上的油品。当含水量少于 0.03% 时，认为是痕迹，如接收器中没有水，则认为试样无水。

2. 机械杂质

（1）测定意义　柴油机的燃料供给系统中有许多精密配合的零件，例如，喷油泵的柱塞和柱塞套的间隙只有 0.0015～0.0025mm，喷油器的喷针和喷阀座的配合精度也很高，机械杂质不但会使高压油泵和喷油器磨损加重，而且还会堵塞喷油器及喷油孔，造成供油系统故障。因此，柴油中不允许机械杂质存在。

（2）检验方法　柴油机械杂质的检验可用目测法，方法与水分检验相同，要求没有悬浮和沉降的机械杂质存在。在有争议时，可按 GB/T 511—1988《石油产品和添加剂机械杂质测定法（称量法）》进行测定。

3. 灰分

灰分是油品在规定条件下灼烧后，所剩的不燃物质，用质量分数表示。

（1）测定意义　灰分的来源主要是蒸馏不能除去的可溶性无机盐及油品精制时的酸碱洗涤后，腐蚀设备生成的金属氧化物。由于灰分是不能燃烧的矿物质，呈粒状，非常坚硬，在发动机运转中起摩擦的磨料作用，是造成气缸壁与活塞环磨损的主要原因。

（2）检验方法　普通柴油和车用柴油中要求灰分不大于 0.01%。其测定方法按 GB/T 508—1985（1991）《石油产品灰分测定法》进行，该标准等同于 ISO 6245—82。测定时，将试油加热燃烧，再强热灼烧，使其中的金属盐类分解或氧化为金属氧化物（灰渣），然后冷却并称量，以质量分数表示。

4. 色度

色度是在规定条件下，油品颜色最接近于某一色号的标准色板（色液）颜色时所测得的结果。

（1）测定意义　颜色越深，色号越大，则油品精制程度或储存安定性越差。普通柴油要求色度不大于 3.5 号。

（2）分析检验方法　色度的测定按 GB/T 6540—1986（1991）《石油产品颜色测定法》进行。

喷气燃料及煤油的检验技术

情境描述：

喷气燃料即喷气发动机燃料，又称航空涡轮燃料，是一种轻质石油产品。主要由原油蒸馏的煤油馏分经精制加工或重质馏分油经加氢裂化生产，并加入添加剂制得。分宽馏分型（沸点 60～280℃）和煤油型（沸点 150～315℃）两大类，广泛用于各种喷气式飞机。喷气燃料的质量有严格规定，在石油轻质燃料的规格标准中其指标项目最多。主要指标有体积发热量、冰点、密度、芳烃含量、燃料要洁净。煤油又称灯用煤油和灯油，也称"火油"、"洋油"，粤语也称"火水"。依动力煤油、溶剂煤油、灯用煤油、燃料煤油、洗涤煤油顺序质量依次降低。主要用于点灯照明和各种喷灯、汽灯、汽化炉和煤油炉的燃料；也可用作机械零部件的洗涤剂，橡胶和制药工业的溶剂，油墨稀释剂，有机化工的裂解原料；玻璃陶瓷工业、铝板辊轧、金属工件表面化学热处理等工艺用油；有的煤油还用来制作温度计。

学习目标：

1. 理解喷气燃料与煤油的牌号、主要技术指标及用途；
2. 掌握喷气燃料与煤油的主要技术指标的检验方法、原理；
3. 掌握喷气燃料与煤油检验常用仪器的性能、使用方法和测定注意事项。

任务一　汽油、柴油、煤油密度的测定（密度计法）

一、任务目标

1. 解读石油密度计法测定油品密度的标准（GB/T 1884—2000）；
2. 掌握油品密度的相关概念、测定原理；
3. 掌握密度计法测定油品密度的操作技能。

二、仪器与试剂

1. 仪器

密度计（符合 SH/T 0316 和表 4-8 给出的技术要求）；量筒（250mL，2 支）；温度计（−1～38℃，最小分度值为 0.1℃，1 支，−20～102℃，最小分度值为 0.2℃，1 支）；恒温浴（能容纳量筒，使试样完全浸没在恒温浴液以下，可控制试验温度变化在±0.25℃以内）；移液管（25mL，1 支）。

2. 试剂

试样（喷气燃料，柴油，汽油机油）。

三、实验步骤

1. 试样的准备

对黏稠或含蜡的试样，要先加热到能够充分流动的温度，保证既无蜡析出，又不致引起轻组分损失。

将调好温度的试样小心地沿管壁倾入洁净的量筒中，注入量为量筒容积的 70% 左右。若试样表面有气泡聚集时，要用清洁的滤纸除去气泡。将盛有试样的量筒放在没有空气流动并保持平稳的实验台上。

2. 测量试样温度

用合适的温度计垂直旋转搅拌试样，使量筒中试样的温度和密度均匀，记录温度，准确到 0.1℃。

3. 测量密度

选择合适的密度计，[见图 4-1(a)]，慢慢地将干燥、清洁的测号密度计小心地放入搅拌均匀的试样中。密度计底部与量筒底部的间距至少保持 25mm，达到平衡时，轻轻转动一下，放开，使其离开量筒壁，自由漂浮至静止状态，注意不要弄湿密度计干管。把密度计按到平衡点以下 1～2mm，放开，待其回到平衡位置，观察弯月面形状，如果弯月面形状改变，应清洗密度计干管。重复此项操作，直到弯月面形状保持不变。

4. 读取试样密度

对不透明的黏稠试样，按图 4-1(c) 所示方法读数。对透明低黏度试样，要将密度计再压入液体中约两个刻度，再放开，待其稳定后按图 4-1(b) 所示方法读数，记录读数，立即小心地取出密度计。

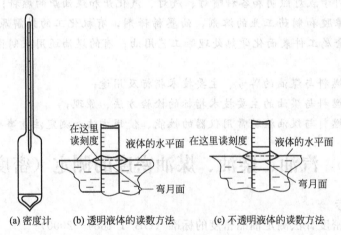

(a) 密度计   (b) 透明液体的读数方法   (c) 不透明液体的读数方法

图 4-1   石油密度计及其读数方法

5. 再次测量试样温度

用温度计垂直搅拌试样，记录温度，准确到 0.1℃。若与开始试验温度相差大于 0.5℃，应重新读取密度和温度，直到温度变化稳定在 0.5℃以内。如果不能得到稳定温度，把盛有试样的量筒放在恒温浴中，再按步骤 2 重新操作。

记录连续两次测定的温度和视密度。

四、密度修正与换算

由于密度计读数是按读取液体下弯月面作为检定标准的，所以对不透明试样，需按表 4-8 加以修正，记录到 0.1kg/m³（0.0001g/mL）。根据不同的油品试样，用 GB/T 1885—1998《石油计量表》或利用式(4-10)把修正后的密度计读数换算成标准密度。

五、精密度及报告

1. 重复性

在温度范围为 -2～24.5℃ 时，两次结果之差如下：透明低黏度试样，不应超过 0.0005g/mL；不透明试样，不应超过 0.0006g/mL。

2. 再现性

在温度范围为 $-2\sim24.5℃$ 时，两个结果之差如下：透明低黏度试样，不应超过 $0.0012g/mL$；不透明试样，不应超过 $0.0015g/mL$。

取重复测定两次结果的算术平均值，作为试样的密度。

六、注意事项

1. 密度计法测定密度时，在接近或等于标准温度 20℃ 时最准确，在整个试验期间，若环境温度变化大于 2℃ 时，要使用恒温浴，以保证温度相差不超过 0.5℃。

2. 测定温度前，必须搅拌试样，保证试样混合均匀，记录要准确到 0.1℃。

3. 密度计是易损的玻璃制品，使用时要轻拿轻放，要用脱脂棉或其他质软的物质擦拭；取出和放入时，用手拿密度计的上部，清洗时应拿其下部，以防折断。

4. 放开密度计时应轻轻转动一下，要有充分时间静止，让气泡升到表面，并用滤纸除去。

5. 塑料量筒易产生静电，妨碍密度计自由漂浮，使用时要用湿布擦拭量筒外壁，消除静电。根据试样和选用密度计的不同，规范读数操作。

七、考核评价

汽油、柴油、煤油密度测定的考核评价表

序号	考核项目	评分要素	配分	评分要点	扣分	得分	备注
1	汽柴煤油密度的测定	任务单	10	书写规范 工作原理明确 设计方案完整			
2		仪器准备	10	量筒 密度计 恒温水浴			
3		取样	10	试样均匀 倾入量筒内			
4		密度测定	30	选择合适的密度计 平衡读数			
5		记录	10	记录无涂改、漏写 精密度			
6		计算	20	换算成标准密度			
7		综合素质	10	工作态度 团队合作 发现问题、分析问题、解决问题的能力			
		重大失误	−10	损坏仪器			
总评			100				

考评教师：　　　　　　　　　　　年　月　日

任务二　汽油、煤油、柴油酸度的测定

一、任务目标

1. 解读油品酸度的测定标准 [GB/T 258—1977 (1988)]；

2. 掌握油品酸度的测定原理与操作技能；

3. 掌握油、水分离的操作技术。

二、仪器与试剂

1. 仪器

锥形瓶（250mL）；球形回流冷凝管（长约300mm）；量筒（25mL、50mL、100mL）；微量滴定管（2mL，分度为0.02mL；或5mL，分度为0.05mL）；电热板或水浴；秒表（1块）。

2. 试剂

95％乙醇（分析纯）；氢氧化钾（分析纯，配成0.05mol/L氢氧化钾乙醇溶液）；碱性蓝6B（称取碱性蓝1g，称准至0.01g，然后将它加在50mL煮沸的95％乙醇中，并在水浴中回流1h，冷却后过滤。必要时将煮热的澄清滤液用0.05mol/L氢氧化钾乙醇溶液或0.05mol/L盐酸溶液中和，直至加入1～2滴碱溶液能使指示剂溶液从蓝色变成浅红色，而在冷却后又能恢复成为蓝色为止）；甲酚红（称取甲酚红0.1g，称准至0.001g，研细后溶入100mL 95％乙醇中，并在水浴中煮沸回流5min，趁热用0.05mol/L氢氧化钾乙醇溶液滴定至甲酚红溶液由橘红色变为深红色，而在冷却后又能恢复成橘红色为止）；酚酞（配成1％乙醇溶液）；试样（喷气燃料）。

三、实验步骤

1. 驱除二氧化碳

取95％乙醇溶液50mL，注入清洁无水的锥形瓶内，用软木塞将球形回流冷凝管与锥形瓶连接，塞住后，将95％乙醇煮沸5min。

2. 中和抽提溶剂

在煮沸过的95％乙醇中加入0.5mL的碱性蓝溶液（或甲酚红溶液）后，在不断摇荡下趁热用0.05mol/L氢氧化钾-乙醇溶液使95％乙醇中和，直至锥形瓶中的混合物从蓝色变为浅红色（或从黄色变为紫红色）为止。

若在煮沸过的95％乙醇中加入1～2滴酚酞溶液代替碱性蓝溶液（或甲酚红溶液）时，按同样方法中和至呈现浅玫瑰红色为止。

3. 取样

汽油或煤油取50mL，柴油取20mL（均在20℃±3℃温度范围内量取），将试样注入中和过的95％热乙醇中。

4. 滴定操作

安装球形回流冷凝管至锥形瓶上，将锥形瓶中的混合物煮沸5min；对已加有碱性蓝溶液或甲酚红溶液的混合物，此时应再加入0.5mL的碱性蓝溶液或甲酚红溶液，在不断摇荡下趁热用0.05mol/L氢氧化钾-乙醇溶液滴定，直至95％乙醇层的碱性蓝溶液从蓝色变为浅红色（甲酚红溶液从黄色变为紫红色）为止；或对已加有酚酞溶液的混合物，按上述方法滴定直至95％乙醇层的酚酞溶液呈现浅玫瑰红色为止。

四、计算

按式(4-13)计算试样的酸度。

五、精密度及报告

平行测定两个结果间的差数，不应超过表4-1所示数值。

取平行测定两个结果的算术平均值，作为试样的酸度。

六、注意事项

1. 指示剂用量

每次测定所加的指示剂要按标准规定的用量加入，以免引起滴定误差。通常用于测定试样酸度（值）的指示剂多为弱酸性有机化合物，本身会消耗碱性溶液，如果指示剂用量多于规定用量，测定结果将偏高。

表 4-1 平行试验酸度测定重复性要求

试样名称	允许差数/(mgKOH/100mL)
汽油、煤油	0.15
柴油	0.3

2. 煮沸条件的控制

试验过程中，待测试样按规定要煮沸两次（各 5min），并要求迅速进行滴定（在 3min 内完成），其目的是为了提高抽提效率和减少 CO_2 对测定结果的影响。CO_2 在乙醇中的溶解度比在水中大 3 倍，不赶走 CO_2，将使测定结果偏高；要求趁热滴定，并在 3min 内完成，也是为了防止 CO_2 的溶解，保证测定结果的准确性。

3. 滴定操作

滴定至终点附近时，应逐滴加入碱液，快到终点时，要采取半滴操作，以减少滴定误差。

4. 滴定终点的确定

碱性蓝指示剂适用于测定深色的石油产品；酚酞指示剂适用于测定无色的石油产品或在滴定混合物中容易看出浅玫瑰红色的石油产品。

用酚酞作指示剂滴定至乙醇层显浅玫瑰红色为止；用甲酚红作指示剂滴定至乙醇层由黄色变为紫红色为止；用碱性蓝 6B 作指示剂滴定至乙醇层由蓝色变为浅红色为止。对于滴定终点颜色变化不明显的试样，可滴定到混合溶液的原有颜色开始明显改变时，作为滴定终点。

七、考核评价

汽油、煤油、柴油酸度测定的考核评价表

序号	考核项目	评分要素	配分	评分要点	扣分	得分	备注
1		任务单	10	书写规范 工作原理明确 设计方案完整			
2	汽煤柴油酸度测定	仪器准备	10	量筒 滴定管 锥形瓶			
3		取样	10	试样均匀 倾入锥形瓶			
4		酸度测定	30	加热回流 滴定			
5		记录	10	记录无涂改、漏写 精密度			
6		计算	20	计算酸度			
7		综合素质	10	工作态度 团队合作 发现问题、分析问题、解决问题的能力			
		重大失误	−10	损坏仪器			
总评			100				

考评教师： 年 月 日

任务三　喷气燃料碘值的测定（碘-乙醇法）

一、任务目标

1. 解读喷气燃料不饱和烃含量的测定标准（SH/T 0234—1992）；
2. 掌握喷气燃料不饱和烃含量的测定原理和方法；
3. 掌握氧化还原滴定法在油品分析中的应用。

二、仪器与试剂

1. 仪器

滴瓶（带磨口滴管，容积约 20mL）或玻璃安瓿（容积 0.5~1mL，其末端应拉成毛细管）；碘量瓶（500mL）；量筒（25mL、250mL）；滴定管（25mL 或 50mL）；吸量管（2mL、25mL）。

2. 试剂

95％乙醇或无水乙醇（分析纯）；碘（分析纯，配成碘-乙醇溶液，配制时将碘 $20g \pm 0.5g$ 溶解于 1L 95％乙醇中）；碘化钾（化学纯，配成 200g/L 水溶液）；硫代硫酸钠（分析纯，配成 0.1mol/L $Na_2S_2O_3$ 标准滴定溶液）；淀粉（新配制的 5g/L 指示液）；定性滤纸。

三、实验步骤

1. 取样

将试样经定性滤纸过滤，称取 0.3~0.4g。

为取得准确量的汽油，可使用安瓿。先称出安瓿的质量，然后将安瓿的球形部分在煤气灯或酒精灯的小火焰上加热，迅速将热安瓿的毛细管末端插入试样内，使安瓿吸入的试样能够达到 0.3~0.4g，或者根据试样的大约密度，用注射器向安瓿注入一定量体积试样，使其能达到 0.3~0.4g，然后小心地将毛细管末端焊闭，再称量其质量。安瓿的两次称量都必须称准至 0.0004g。将装有试样的安瓿放入已注有 5mL 95％乙醇的碘量瓶中，用玻璃棒将它和毛细管部分在 95％乙醇中打碎，玻璃棒和瓶壁所沾着的试样，用 10mL 95％乙醇冲洗。

为取得准确量的喷气燃料，可使用滴瓶。将试样注入滴瓶中称量，从滴瓶中吸取试样约 0.5mL，滴入已注有 15mL 95％乙醇的碘量瓶中。将滴瓶称量，两次称量都必须称准至 0.0004g，按差数计算所取试样量。

2. 滴定操作

用吸量管把 25mL 碘-乙醇溶液注入碘量瓶中，用预先经碘化钾溶液湿润的塞子紧闭塞好瓶口，小心摇动碘量瓶，然后加入 150mL 蒸馏水，用塞子将瓶口塞闭。再摇动 5min（采用旋转式摇动），速度为 120~150r/min，静置 5min，摇动和静置时室温应在 $20℃ \pm 5℃$，如低于或高于此温度，可加入预先加热或冷却至 $20℃ \pm 5℃$ 的蒸馏水。然后加入 25mL 200g/L 碘化钾溶液，随即用蒸馏水冲洗瓶塞与瓶颈，用 0.1mol/L 硫代硫酸钠标准滴定溶液滴定。当碘量瓶中混合物呈现浅黄色时，加入 5g/L 淀粉溶液 1~2mL，继续用硫代硫酸钠标准滴定溶液滴定，直至混合物的蓝紫色消失为止。

重复上述两个步骤进行空白试验。

四、计算

试样的碘值按式（4-1）计算

$$X_1 = \frac{0.1269(V - V_1)c}{m} \times 100 \tag{4-1}$$

式中　X_1——试样的碘值，$gI_2/100g$；

V——滴定空白试验时所消耗硫代硫酸钠溶液的体积，mL；

V_1——滴定试样时所消耗硫代硫酸钠溶液的体积，mL；

c——硫代硫酸钠溶液的物质的量浓度，mol/L；

m——试样的质量，g。

试样的不饱和烃含量按式（4-2）计算：

$$w=\frac{IM_r}{254} \tag{4-2}$$

式中 w——试样的不饱和烃含量，%；

I——试样的碘值，$gI_2/100g$；

M_r——试样中不饱和烃的平均相对分子质量，可由表 4-2 查得（可用内插法计算）；

254——单质碘（I_2）的相对分子质量。

表 4-2 试样 50%馏出温度与其不饱和烃相对分子质量间的关系

试样的 50%馏出温度/℃ (GB/T 255 或 GB/T 6536)	M_r	试样的 50%馏出温度/℃ (GB/T 255 或 GB/T 6536)	M_r
50	77	175	144
75	87	200	161
100	99	225	180
125	113	250	200
150	128		

五、精密度及报告

按表 4-3 规定判断结果的可靠性（95%置信水平）。

表 4-3 试样碘值测定的重复性和再现性要求

碘值/（gI/100g）	重复性	再现性
≤2	0.22	0.65
>2	平均值的 10%	平均值的 24%

取平行测定两个结果的算术平均值，作为试样的碘值和不饱和烃含量。

六、注意事项

1. 碘的挥发损失

针对碘易挥发的特点，测定时应使用碘量瓶，其磨口要严密，塞子预先用碘化钾润湿，由于碘能溶解于碘化钾中，故可以防止其逸出，待反应完毕再洗入瓶中进行滴定。反应和滴定均要求在 20℃±5℃下进行，其目的也是为了减少碘的挥发和损失。此外，滴定时间也要尽量缩短。

2. 碘离子的氧化

空气中的氧气能将碘离子氧化为单质碘，将引起测定结果偏高。为减少与空气接触，无论是反应还是滴定，均不能过度摇荡。

3. 反应时间

时间不足和过于延长均会引起测定误差，故在用硫代硫酸钠滴定时，应严格执行摇动 5min、静置 5min 的规定，使反应完全。

4. 终点的判断

测定碘值一定要在接近化学计量点时，再加入淀粉指示剂。否则，过早加入的淀粉会与碘形成稳定的复合体，不利于与硫代硫酸钠反应，使滴定时间延长，测定结果不准确。

5. 碱性稳定剂的影响

为了使碘能将硫代硫酸根定量氧化为连四硫酸根，不允许向硫代硫酸钠溶液中加入碱性稳定剂，这是因为碱性条件下硫代硫酸根会被碘氧化成硫酸根，使测定结果偏低。

$$S_2O_3^{2-} + 4I_2 + 10OH^- \longrightarrow 2SO_4^{2-} + 8I^- + 5H_2O$$

七、考核评价

喷气燃料碘值测定的考核评价表

序号	考核项目	评分要素	配分	评分要点	扣分	得分	备注
1	喷气燃料碘值测定	任务单	10	书写规范 工作原理明确 设计方案完整			
2		仪器准备	10	量筒 滴定管 碘量瓶			
3		取样	10	试样均匀 装入碘量瓶			
4		碘值测定	30	滴定操作			
5		记录	10	记录无涂改、漏写 精密度			
6		计算	20	计算碘值			
7		综合素质	10	工作态度 团队合作 发现问题、分析问题、解决问题的能力			
		重大失误	−10	损坏仪器			
总评			100				

考评教师：　　　　　　　　　　　　　　　　　　　　　　　　　年　　月　　日

【知识链接】

一、喷气燃料规格

1. 规格标准

我国喷气燃料规格标准如下：GB 438—1977（1988）《1 号喷气燃料》；GB 1788—1979（1988）《2 号喷气燃料》；GB 6537—2006《3 号喷气燃料》；SH 0348—1992《4 号喷气燃料》；国家军用标准 GJB 506—1988《高闪点喷气燃料》。

2. 质量要求

目前，我国生产的喷气燃料中，3 号喷气燃料占 95% 以上，并将逐步取代闪点较低的 1、2 号喷气燃料。1、2、3 号喷气燃料的技术要求和试验方法见表 4-4。

二、喷气燃料的燃烧性

1. 质量要求

喷气式发动机用于高空飞行，这种发动机没有气缸，燃料在压力下连续喷入高速的空气流中，并迅速雾化，一经点燃便连续燃烧，并不像活塞式发动机那样，燃料的供应、燃烧间歇进行。发动机工作原理的特殊性、决定其对燃料燃烧性能要求的特殊性。为使发动机正常工作，必须保证燃料在任何情况下能连续、平稳、迅速和完全燃烧。

因此，要求喷气燃料具有良好的燃烧性能，即热值高、密度大、燃烧迅速而完全、不产生积炭和有害物质等。

表 4-4　喷气燃料的质量要求

项 目		1号 GB 438—77(88)	2号 GB 1788—79(88)	3号 GB 6537—2006	试 验 方 法
		燃料代号及质量指标			试 验 方 法
密度(20℃)/(kg/m³)	不小于	775	775	775~830	GB/T 1884,GB/T 1885
组成					
总酸值/(mg KOH/g)	不大于	—	—	0.015	GB/T 12574
酸度/(mg KOH/100mL)	不大于	1.0	1.0	—	GB/T 258
碘值/(g I₂/100g)	不大于	3.5	4.2	—	SH/T 0234
芳烃含量 φ/%	不大于	20.0	20.0	20.0	SH/T 0177,GB/T 11132
烯烃含量 φ/%	不大于	—	—	5.0	GB/T 11132
总硫含量 w/%	不大于	0.20	0.20	0.20	GB/T 380
硫醇性硫 w/%	不大于	0.005	0.002	0.0020	GB/T 505,GB/T 1792
或博士试验					
挥发性				通过	SH/T 0174
馏程					
初馏点/℃	不高于	150	150	报告	
10%回收温度/℃	不高于	165	165	205	GB/T 255,GB/T 6536①
20%回收温度/℃	不高于	—	—	报告	
50%回收温度/℃	不高于	195	195	232	
90%回收温度/℃	不高于	230	230	报告	
98%回收温度/℃	不高于	250	250	—	
终馏点℃	不高于	—	—	300	
残留量 φ/%	不大于	—	—	1.5	
损失量 φ/%	不大于	—	—	1.5	
残留量及损失量 φ/%	不大于	2.0	2.0	—	GB/T 261
闪点/℃	不低于	28	28	38	
流动性					
冰点/℃	不高于	—	—	47	GB/T 2430
结晶点/℃	不高于	−60	−50	—	SH/T 0179
运动黏度/(mm²/s)					GB/T 265
20℃	不小于	1.25	1.25	1.25	
−20℃	不大于	—	—	8.0	
−40℃	不大于	8.0	8.0	—	
燃烧性					
净热值/(MJ/kg)	不小于	42.9	42.9	42.8	GB/T 384②GB/T 2429
烟点/mm	不小于	25	25	25	GB/T 382
或烟点最小值为 20mm 时,萘系芳烃					
含量 φ/%	不大于	3.0	3.0	3.0	SH/T 0181
或辉光值	不小于	45	45	45	GB/T 11128
腐蚀性					
铜片腐蚀(100℃,2h)/ 级	不大于	1	1	1	GB/T 5096
银片腐蚀(50℃,4h)/ 级	不大于	1	1	1	SH/T 0023

① 允许用 GB/T 255 测定馏程,如有争议则以 GB/T 6536 测定结果为准。

② 允许用 GB/T 2429《航空燃料净热热值计算法》计算,有争议时,以 GB/T 384 测定结果为准。

2.净热值

(1) 概念　单位质量燃料完全燃烧时所放出的热量,称为质量热值,单位为 kJ/kg。热值表示喷气燃料的能量性质。在氧弹式量热计中测定的热值称为"弹热值"。从试样的弹热值中减去酸的生成热（即由二氧化硫生成硫酸的热量；由氮生成硝酸的热量）和溶解热就是总热值，从总热值中减去气化热即为净热值。

（2）意义　喷气燃料主要由碳氢化合物组成，完全燃烧后主要生成二氧化碳和水，按生成水的状态不同，热值又分为高热值和低热值。高热值又称为总热值，它是指燃料燃烧生成的水蒸气被全部冷凝成液态水时的热值；低热值又称为净热值，它与高热值的区别在于燃烧生成的水是以蒸汽状态存的。因此，如果燃料中不含水分，则高低热值之差即为相同温度下水的蒸发潜热。

热值和燃料的组成有关。在各族烃中，烷烃分子的氢碳比（H/C）最高，芳烃最低。由于氢的热值远比碳高，因此对碳原子数相同的烃类，其质量热值顺序为：烷烃＞环烷烃、烯烃＞芳烃。

喷气燃料的质量热值越高，耗油率越小，续航能力越强。考虑到实际使用意义，喷气燃料规格中规定采用净热值表示，因为在发动机工作状况下，水是以气态排出的，其冷凝热不可能得到利用。

（3）净热值检验方法　喷气燃料热值的测定按 GB/T 384—1981（1988）《石油产品热值测定法》进行。该标准适用于测定不含水的航空汽油、喷气燃料、燃料油和重油等石油产品的总热值和净热值。测定仪器是氧弹式量热计，其测定的原理步骤简要介绍如下。

① 弹热值的测定　测定时先称取定量试样，置于小器皿中，用易燃而不透气的胶片密封后置于充有压缩氧气的密闭氧弹中，然后用电火花点燃试样，待其完全燃烧放出的热量传递到量热计周围的水中后，测量水在试样燃烧前后的温度，并计算水吸收的热量。在用量热计测定时，量热计的水温高于周围介质的温度，其所散失的热量需加以校正；另外测试时所用的胶片和导火线，也要同时燃烧，所产生的热量也需校正；量热计系统本身在测定过程中也要吸收热量；测定中所用量热温度计应先经检定机关校正。

对以上各项进行校正后，计算出单位质量试样所放出的热量，即为弹热值。

$$Q_D = \frac{Q}{m} \tag{4-3}$$

式中　Q——试样燃烧放出的热量，kJ；

m——水的质量，kg；

Q_D——试样的弹热值，kJ/kg。

② 总热值的测定　先从氧弹洗涤液中测定硫含量（先将试样在氧弹中燃烧生成的二氧化硫转变为硫酸，再使硫酸根离子转化为硫酸钡沉淀析出，测定硫酸钡的质量即可求出硫含量），然后从试样的弹热值中减去酸的生成热（即由二氧化硫生成硫酸的热量；由氮生成硝酸的热量）和溶解热就是总热值。

$$Q_Z = Q_D - 94.2 w_S - Q_N \tag{4-4}$$

$$w_S = \frac{0.1373 m_1}{m} \times 100$$

式中　Q_Z——试样的总热值，kJ/kg；

w_S——试样的硫含量，%；

Q_N——硝酸的生成热和溶解热，kJ/kg。轻质燃料，$Q_N = 50.24$kJ/kg；若为重质燃料（如燃料油、重油），$Q_N = 41.87$kJ/kg；

m_1——所得硫酸钡沉淀的质量，kg；

m——试样的质量，kg。

③ 净热值的计算　从总热值中减去气化热即为净热值。

轻质油　　　　　　　$Q_J = Q_Z - 25.12 \times 9w_H$ （4-5）

重质油　　　　　　　$Q_J = Q_Z - 25.12(9w_H + w_{H_2O})$ （4-6）

式中　Q_J——试样的总热值，kJ/kg；

w_H——试样的氢含量，%；

w_{H_2O}——试样中的水含量，%。

净热值测定程序烦琐、耗时，对环境要求严格。除非是仲裁要求，通常可按 GB/T 2429—1988《航空燃料净热值计算法》中规定的经验公式进行计算，介绍如下。

无硫试样的计算式：

航空汽油　　　　　　$Q_J = 41.9557 + 0.00020543t_A API°$ （4-7）

喷气燃料　　　　　　$Q_J = 41.6796 + 0.0002540t_A API°$ （4-8）

式中　t_A——无硫试样的苯胺点，℃；

$API°$——无硫试样的相对密度指数。

含硫试样的计算式：

$$Q_r = Q_J(1 - 0.01w_S) + 0.1016w_S \qquad (4-9)$$

式中　Q_J——无硫试样的净热值，MJ/kg；

Q_r——含硫试样的净热值，MJ/kg。

（4）影响测定的主要因素

① 试验室温度应稳定　测定应在一个单独的房间内进行，房间要背阳，并具有双层严密的门窗，室内温度波动不应超过 ±5℃，试验时试验室严禁通风。

② 量热计的搅拌速度　垂直搅拌不应少于 50 r/min；螺旋桨式不应少于 400r/min。以防止容器中的水发生飞溅，并控制因搅拌产生的温度升高不超过 400r/10min。

③ 温度的测量　量热温度计或贝克曼温度计的分度值为 0.01℃，需经国家计量机关作出每 1℃的检查，其校正误差应不大于 0.005℃。

④ 温度计的读取　利用放大 6~9 倍及焦距 0.5~1.0m 的短焦距视镜或双重放大镜。

引火时用低于 12V 的电压，为避免导火线的发热而带来的多余热量，在燃烧胶片及试样时，其通电时间不应超过 1s。

3. 密度

（1）概念　单位体积物质的质量称为密度，符号 ρ，单位 g/mL 或 kg/m³。

油品的密度与温度有关，通常用 ρ_t 表示温度 t 时油品的密度。我国规定 20℃时，石油及液体石油产品的密度为标准密度。

物质的相对密度是指物质在给定温度下的密度与规定温度下标准物质的密度之比。液体石油产品以纯水为标准物质，我国及东欧各国习惯上用 20℃时油品的密度与 4℃时纯水的密度之比表示油品的相对密度，其符号用 d_4^{20} 表示，单位为 1。由于水在 4℃时的密度等于 1g/mL，因此液体石油产品的相对密度与密度在数值上相等。

（2）意义　油品密度与其化学组成和结构有关，在碳原子数相同的情况下，不同烃类密度的大小顺序为：芳烃＞环烷烃＞烷烃。同种烃类，密度随沸点升高而增大，当沸点范围相同时，含芳烃越多，其密度越大；含烷烃越多，其密度越小。

喷气燃料的能量特性可用质量热值（MJ/kg）和体积热值（MJ/m³）表示。燃料的密度越小，其质量热值越高，对续航时间不长的歼击机而言，为尽可能减少飞机载荷，应使用质量热值高的燃料。相反，燃料的密度越大，其质量热值越小，但体积热值大，适于作远程飞行燃料，这样可减小油箱体积，降低飞行阻力。通常，在保证燃烧性能不变坏的条件下，喷气燃料的密度大一些较好。

例如，我国 3 号喷气燃料要求密度（20℃）在 $775\sim830\mathrm{kg/m^3}$ 范围内。

（3）检验方法 喷气燃料密度的测定按 GB/T 1884—2000《原油和液体石油产品密度实验室测定法（密度计法）》进行，该方法等效采用 ISO 3675—1998。测定时将密度计垂直放入液体中，当密度计排开液体的质量等于其本身的质量时，处于平衡状态，漂浮于液体中。密度大的液体浮力较大，密度计露出液面较多；相反，液体密度小，浮力也小，密度计露出液面部分较少。

密度计应符合 SH/T 0316—1998《石油密度计技术条件》和表 4-5 中所给出的技术要求。表 4-5 中共有 SY～02、SY～05 和 SY～10 三个系列固定质量的玻璃石油液体密度计，分别有 25 支、10 支、10 支，均适用于低表面张力液体，具有较小刻度误差。

另外，也可使用 SY-Ⅰ型或 SY-Ⅱ型石油密度计，其测量范围见表 4-6。值得说明的是，使用 SY-Ⅰ型或 SY-Ⅱ型石油密度计时，一律读取上液体弯月面与密度计干管相切的刻度。

表 4-5 密度计的技术要求

型 号	单 位	密度范围	每支单位	刻度间隔	最大刻度误差	弯月面修正值
SY～02		$600\sim1100$	20	0.2	±0.2	＋0.3
SY～05	$\mathrm{kg/m^3}$	$600\sim1100$	50	0.5	±0.3	＋0.7
SY～10	（20℃）	$600\sim1100$	50	1.0	±0.6	＋1.4
SY～02		$0.600\sim1.100$	0.02	0.0002	±0.0002	＋0.0003
SY～05	g/mL	$0.600\sim1.100$	0.05	0.0005	±0.0003	＋0.0007
SY～10	（20℃）	$0.600\sim1.100$	0.05	0.0010	±0.0006	＋0.0014

表 4-6 两种类型石油密度计的测量范围

型 号			SY-Ⅰ	SY-Ⅱ
最小分度值/（g/mL）			0.0005	0.001
测量范围	支号	1	$06500\sim0.6900$	$0.650\sim0.710$
		2	$0.6900\sim0.700$	$0.710\sim0.770$
		3	$0.7300\sim0.7700$	$0.770\sim0.830$
		4	$0.7700\sim0.8100$	$0.830\sim0.890$
		5	$0.8100\sim0.8500$	$0.890\sim0.950$
		6	$0.8500\sim0.8900$	$0.950\sim1.010$
		7	$0.8900\sim0.9300$	
		8	$0.9300\sim0.9700$	
		9	$0.9700\sim1.0100$	

密度计要用可溯源于国家标准的标准温度计或可溯源的标准物质密度作定期检定，至少每五年复检一次。密度计法简便、迅速，但准确度受最小分度值及测试人员的视力限制，不可能太高。

由于密度计干管读数是以纯水在 4℃ 时的密度为 1g/mL 作为标准刻制标度的，因此在其他温度下的测量值仅是密度计读数，并不是该温度下的密度，故称为视密度，测定后应将油品密度换算成标准密度。当温差在 20℃±5℃ 范围内时，油品密度随温度的变化可近似地看作直线关系，由式(4-10) 换算。

$$\rho_{20}=\rho_t+\gamma(t-20℃) \tag{4-10}$$

式中 ρ_{20}——油品在 20℃ 时的密度，g/mL；

ρ_t——油品在测定温度 t 时的密度，g/mL；

γ——油品密度的平均温度系数，即油品密度随温度的变化率，g/（mL·℃）；

t——油品的温度，℃。

油品密度的平均温度系数见表 4-7。当温度相差较大时，要将修正读数后的油品密度用 GB/T 1885—1998《石油计量表》换算成标准密度。

表 4-7 油品密度的平均温度系数（部分数据）

$\rho_{20}/(g/mL)$	$\gamma/[g/(mL \cdot ℃)]$	$\rho_{20}/(g/mL)$	$\gamma/[g/(mL \cdot ℃)]$
0.700~0.710	0.000897	0.850~0.860	0.000699
0.710~0.720	0.000884	0.860~0.870	0.000686
0.720~0.730	0.000870	0.870~0.880	0.000673
0.730~0.740	0.000857	0.880~0.890	0.000660
0.740~0.750	0.000844	0.890~0.900	0.000647
0.750~0.760	0.000831	0.900~0.910	0.000633
0.760~0.770	0.000813	0.910~0.920	0.000620
0.770~0.780	0.000805	0.920~0.930	0.000607
0.780~0.790	0.000792	0.930~0.940	0.000594
0.790~0.800	0.000778	0.940~0.950	0.000581
0.800~0.810	0.000765	0.950~0.960	0.000568
0.810~0.820	0.000752	0.960~0.970	0.000555
0.820~0.830	0.000738	0.970~0.980	0.000542
0.830~0.840	0.000725	0.980~0.990	0.000529
0.840~0.850	0.000712	0.990~1.000	0.000518

4. 烟点

（1）概念 烟点又称无烟火焰高度，是指在规定的条件下，试样在标准灯具中燃烧时，产生无烟火焰的最大高度，单位为 mm。

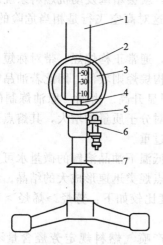

图 4-2 测定烟点用灯

1—烟道；2—标尺；3—燃烧室；

4—灯芯管；5—对流室平台；

6—调节螺旋；7—贮油器

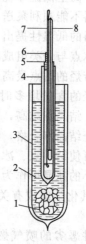

图 4-3 航空燃料冰点测定仪器

1—干冰；2—冷剂；3—真空保温瓶；

4—双壁玻璃管；5—软木塞；6—压

帽；7—搅拌器；8—温度计

（2）意义 烟点是评定喷气燃料生成软积炭倾向的指标。

喷气燃料烟点的高低与积炭的大小密切相关，烟点越高，积炭越小。因此，烟点与油品组成的关系，就是积炭与组成的关系。积炭可分为硬积炭与软积炭，在高温部位形成的积炭是燃料高温缩聚而形成的产物，质硬而脆，H/C 比较低，是类似石油焦的物质，称为硬积炭；在低温部位形成的积炭，如燃烧室头部的积炭，质地松软，H/C比较高，称为软积炭。软积炭是由炭黑及燃料中高沸点组分缩聚生成的重质烃类混合物。

积炭的存在危害发动机的正常运行。例如，喷嘴上的积炭，破坏燃料雾化，恶化燃烧状况，加速火焰筒壁积炭的生成，引起局部过热，易导致筒壁变形，甚至破裂；点火器电极的积炭，会使电极"连桥"而短路，无法点火启动；若脱落的积炭随燃气进入燃气涡轮，还可损伤涡轮叶片。这些都将影响发动机的正常工作，甚至造成飞行事故。

合适的烟点，可以保证燃料正常燃烧，避免积炭形成。1、2、3号喷气燃料均要求烟点不小于25mm。

（3）检验方法　喷气燃料烟点的测定按 GB/T 382—1983（1991）《煤油烟点测定法》进行。该法参照执行 ISO 3014—1974，适用于测定煤油和喷气燃料的烟点，其测定所用灯具如图 4-2 所示。

三、流动性

1. 质量要求

喷气燃料在高空低温环境下使用，其流动性是指低温下，在发动机燃料系统中能够顺利泵送，通过滤网，保证正常供油的能力。

要求低温流动性能好，在低温状态下，不易析出烃结晶体和冰结晶体。

2. 结晶点、冰点

（1）概念　试样在规定的条件下冷却，出现肉眼可见结晶时的最高温度，称为结晶点，以℃表示。在结晶点时，油品仍处于可流动的液体状态。

试样在规定的条件下，冷却到出现结晶后，再升温至结晶消失时的最低温度，称为冰点，以℃表示。一般，结晶点与冰点之差不超过3℃。

（2）意义　高空低温环境下，若喷气燃料出现结晶，就会堵塞发动机燃料系统的滤清器或导管，使燃料不能顺利泵送，供油不足，甚至中断，这对高空飞行是相当危险的，因此，我国对喷气燃料的低温性提出了严格要求。

结晶点、冰点与烃类组成有关。当碳原子数相同时，通常正构烷烃、带对称短侧链的单环芳烃、双环芳烃的熔点最高，含有侧链的环烷烃及异构烷烃则较低。因此若油品中大分子正构烷烃和芳烃的含量增多时，其结晶点、冰点就会明显升高。由同一原油炼制的喷气燃料，馏分越重，结晶点越高，这是由于同类烃中，随相对分子质量的增大，其熔点逐渐升高的缘故，为保证结晶点合格，喷气燃料的尾部馏分不能过重。

油品含水可使结晶点、冰点显著升高，其原因是在低温下油品溶解的微量水可呈细小冰晶析出，而细小的冰晶可作为烃类结晶的晶核，使高熔点烃类迅速形成大的结晶。油品中溶解水的数量与其化学组成有关，各种烃类对水的溶解度比较如下：芳烃＞烯烃＞环烷烃＞烷烃。

对使用条件恶劣的喷气燃料应限制芳烃含量，国产喷气燃料规定芳烃含量不得大于20％。同一类烃中，随相对分子质量和黏度的增大，对水的溶解度减小。

（3）检验方法　冰点的测定按 GB/T 2430—2008《航空燃料冰点测定法》进行，该标准是引用 ASTM D2386—2006 而制定的。

测定冰点时，将 25mL 试样装入洁净干燥的双壁试管中，装好搅拌器及温度计，将双壁试管放入盛有冷却介质的保温瓶中（见图 4-3），不断搅拌试样使其温度平稳下降，记录结晶出现的温度作为结晶点。然后从冷浴中取出双壁试管，使试样在连续搅拌下缓慢升温，记录烃类结晶完全消失的最低温度作为冰点。

喷气燃料结晶点的测定按 SH/T 0179—1992（2000）《轻质石油产品浊点和结晶点测定

法》进行，装置如图4-4所示。

测定时将试样分别装入两支洁净、干燥的双壁玻璃试管的标线处，每支试管要塞上带有温度计和搅拌器的橡皮塞，温度计位于试管中心，温度计底部与试管底部距离约15mm。其中一支试管作为对照标准，另一支试管插入规定的冷浴中。

在达到预期浊点前3℃时，从冷浴中取出试管，迅速放在装有工业乙醇的烧杯中浸一下，然后在透光良好的条件下，与对照试管相比较，观察试样状态。每次观察时间不得超过12s。若试样与对照试管比较无异样，则认为未达到浊点。将试管放入冷浴中，然后每降1℃再观察比较一次，直至试样开始呈现浑浊为止。此时温度计所示的温度即为浊点。

测出浊点后，将冷浴温度降到比试样预期结晶点低15℃±2℃，继续搅拌试样，当到达预期结晶点前3℃时，从冷浴中取出试管，迅速放入盛有工业乙醇的烧杯中浸一下，观察试样状态。如果试样未出现结晶，再将试管放入冷浴中，每降1℃，观察一次，每次观察不超过12s。当试样开始呈现肉眼可见的晶体时，温度计所示的温度即为结晶点。

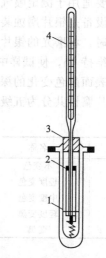

图4-4　浊点和结晶点测定仪
1—环形标线；2—搅拌器；
3—软木塞；4—温度计

虽然喷气燃料可以达到无水分的质量指标，但实际使用时又很难防止燃料从空气中吸收并溶解水分，这种溶解水用干燥的滤纸过滤是不能除掉的，只有用新煅烧的粉状硫酸钠或无水氯化钙处理，才能将其脱去。这在实际使用及储存中是难以实现的，也是不现实的。为使测定符合实际，标准中规定采取未脱水试样来测定喷气燃料的结晶点。

四、腐蚀性

1. 质量要求

喷气燃料的腐蚀性主要由酸性物质、微量的硫化氢、硫醇及二硫化物等含硫化合物所引起的。主要是对油泵等精密部件的腐蚀和燃气的高温气相腐蚀。所谓高温气相腐蚀又称为烧蚀，其表现是腐蚀表面被烧成麻坑状或表层起泡并呈鳞片状剥落。

要求喷气燃料腐蚀性小，不腐蚀油泵等精密部件。

2. 铜片腐蚀

铜片腐蚀按GB/T5096—1985（1991）标准试验方法进行。其检验方法及意义与车用无铅汽油相同，只是条件规定为100℃，2h。1、2、3号喷气燃料均要求铜片腐蚀不大于1级。

为提高耐磨性，目前喷气式发动机供油系统中的高压柱塞泵多采用镀银部件，而银对硫化物的腐蚀极为敏感。为此增加银片腐蚀指标。1、2、3号喷气燃料要求银片腐蚀（50℃，4h）不大于1级。

3. 银片腐蚀

（1）检验方法　按SH/T 0023—1990（2000）《喷气燃料银片腐蚀试验法》进行，该标准参照采用IP 227—

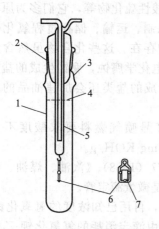

图4-5　喷气燃料银片腐蚀装置
1—试管；2—磨口（45号）；3—试管
接口处容积（350mL）；4—浸入线；
5—冷凝器；6—玻璃钩；7—银片

1988，主要适用于测定喷气燃料对航空涡轮发动机燃料系统银部件的腐蚀倾向，试验使用的主要仪器设备是银片腐蚀装置（见图4-5）。

测定时，将磨光的银片浸渍在盛有 250mL 试样的试管中，并置入温度为 50℃±1℃ 的水浴中，维持 4h，使试样中的腐蚀性介质与银片发生反应，试验结束后，取出银片洗涤，根据银片表面颜色变化的深浅及腐蚀迹象，按标准中规定的银片腐蚀分级表确定该试样腐蚀级别。银片腐蚀共分为五级，见表4-8。

表 4-8　银片腐蚀分级表

级别	名称	现象描述
0	不变色	除局部可能稍失光泽外，几乎和新磨光的银片相同
1	轻度变色	淡褐色，或银白色褪色
2	中度变色	孔雀屏色，如蓝色或紫红色或中度和深度麦黄色或褐色
3	轻度变黑	表面有黑色或灰色斑点和斑块，或一层均匀的黑色沉积膜
4	变黑	均匀深度变黑，有剥落现象或无剥落现象

（2）银片腐蚀影响因素

① 取样操作　银片腐蚀性试验所用的取样容器应是带有磨口塞的棕色玻璃瓶，取样在阴凉处进行，装满试样后，立即盖好瓶塞，防止气体硫化物逸出和外界空气及其他杂质进入瓶内，污染样品，也避免试样中的含硫化合物被氧化。取样后应迅速进行试验。

② 试样含水　银片对腐蚀活性物质的敏感程度较铜片灵敏，当与水接触时极易形成溃斑，造成评级困难，因此要求试样不含悬浮水，否则需要用滤纸将其滤去。通常成品喷气燃料不含悬浮水，除非在运输或储存中发生偶然事故。

③ 试验条件　银片腐蚀为条件性试验，试样受热温度的高低和浸渍试片时间的长短直接影响测定结果，因此必须严格按规定控制试验条件。

4. 酸度（或总酸值）

（1）概念　滴定 100mL 试样到终点所需氢氧化钾的质量，称为酸度，用 mgKOH/100mL 表示；滴定 1g 试样到终点，所需要的氢氧化钾的质量，称为总酸值（或称酸值），以 mgKOH/g 表示。

（2）意义　酸度、总酸值都是用来衡量油品中酸性物质含量的指标。

喷气燃料中的酸性物质主要为环烷酸、脂肪酸、酚类和酸性硫化物等，它们多为原油的固有成分，在炼制过程中没有完全脱尽，少部分是在石油炼制、运输、储存过程氧化生成的；若酸洗精制工艺条件控制不当，还可能有微量的无机酸存在。这些化合物虽然含量较少，但其危害性却很大，尤其是有水存在时，将产生强烈的电化学腐蚀，腐蚀生成的盐类可形成沉淀物，堵塞燃油系统，影响发动机正常运转；同时生成的盐类还会加速油品的氧化变质。

喷气燃料对酸性物质含量提出严格限制，例如，1、2 号喷气燃料要求酸度不大于 1.0mg KOH/100mL；3 号喷气燃料要求总酸值不大于 0.015mg KOH/g。

（3）检验方法　喷气燃料酸度的测定按 GB/T 258—1977（1988）《汽油、煤油、柴油酸度测定法》进行。该法属于微量化学滴定分析，主要仪器是微量滴定管。

测定时，先利用沸腾的乙醇溶液抽提试样中的酸性物质，再用已知浓度的氢氧化钾-乙醇溶液进行滴定，通过酸碱指示剂颜色的改变来确定终点，由滴定消耗的氢氧化钾-乙醇溶液体积计算试样的酸度。其化学反应如下：

$$RCOOH + KOH \longrightarrow RCOOK + H_2O$$

这是由强碱滴定弱酸的中和反应，通常采用酚酞和碱性蓝 6B 作指示剂。因为用强碱滴定弱酸生成的盐，醇解显弱碱性，在接近化学计量点时，加入最后一滴强碱溶液后，溶液的pH值将大于 7，而酚酞和碱性蓝 6B 均在 pH 值等于 8.4～9.8 的范围内变色，故可作为测定酸度的指示剂。

试样的酸度按下式计算。

$$X = \frac{100VT}{V_1} \tag{4-11}$$

$$T = 56.1c$$

式中　X——试样的酸度，mg KOH/100mL；

　　　V——滴定时所消耗氢氧化钾乙醇溶液的体积，mL；

　　　T——氢氧化钾乙醇溶液的滴定度，mgKOH/mL；

　　　V_1——试样的体积，mL；

　56.1——氢氧化钾的摩尔质量，g/mol；

　　　c——氢氧化钾-乙醇溶液的物质的量浓度，mol/L。

喷气燃料总酸值的测定按 GB/T 12574—90《喷气燃料总酸值测定法》进行，其基本原理与酸度的测定相似。

五、安定性

1. 质量要求

为满足国防需要，喷气燃料特别是军用喷气燃料要有一定的储备量，因此要求其具有良好的储存安定性，保证在长期储存中不氧化生胶，不引起颜色变化。

目前，喷气发动机迅速发展，飞机的最大飞行速度越来越大，油品所承受的温度也越来越高。例如，在环境温度为 −56℃ 时，若飞机在 11km 的高空，飞行速度达到 2M（M 读作马赫，表示音速，约为 1180km/h），飞机表面温度达到 98℃；若飞行速度为 3M，飞机表面温度可高达到 291℃，随之油箱温度也越来越高。因此，要求喷气燃料必须具有良好的热安定性。所谓热安定性，是指油品抵抗发动机燃油系统较高温度和溶解氧的作用而不生成沉渣的能力，故又称为热氧化安定性。

2. 碘值

（1）概念　在规定条件下，100g 试样能吸收单质碘的质量称为碘值，以 g I_2/100g 表示。

（2）意义　碘值是评价喷气燃料储存安定性的指标。碘值主要用来测定油品中的不饱和烃含量。碘值越大，表明油品含不饱和烃越多，其储存安定性越差。储存时，越易与空气中的氧气作用，生成深色胶质和沉渣。

我国 1、2 号喷气燃料分别要求碘值不大于 3.5g I_2/100g、4.2g I_2/100g。

（3）检验方法　碘值的测定按 SH/T 0234—1992《轻质石油产品碘值和不饱和烃含量测定法（碘-乙醇法）》进行，该标准参照采用 ГОСТ2027—55。

碘-乙醇法的测定原理是，用过量的碘-乙醇溶液与试样中的不饱和烃发生定量反应，生成烃的含碘化合物，剩余的碘用硫代硫酸钠溶液返滴定，根据滴定过程消耗碘-乙醇溶液的体积，即可计算出试样的碘值。

把试样溶于乙醇中，加入过量的碘-乙醇溶液，并补加一定量的蒸馏水，碘与水发生歧化反应。

$$I_2 + H_2O \Longleftrightarrow HIO + HI$$

该反应进行得很慢，生成的次碘酸再与试样中的不饱和烃发生加成反应。

$$RCH\!=\!CH_2 + HIO \longrightarrow \underset{\underset{OH}{|}}{RCHCH_2I}$$

该反应迅速，摇动 5min，再静置 5min，便得到乳状液，表示反应已经完全。过量的碘，可用已知浓度的硫代硫酸钠溶液滴定。

$$2Na_2S_2O_3 + I_2 \longrightarrow Na_2S_4O_6 + 2NaI$$

试样的碘值按式(4-1)计算。

值得注意的是，次碘酸是一种较强的氧化剂，它能将硫代硫酸根氧化成硫酸根。

$$8HIO + S_2O_3^{2-} \rightleftharpoons 2SO_4^{2-} + 4I_2 + 3H_2O + 2H^+$$

为此，在滴定前要加入过量的碘化钾，使碘（I_2）转化为三碘离子（I_3^-），防止其继续歧化。

$$S_2O_3^{2-} + 4I_2 + 5H_2O \rightleftharpoons 2SO_4^{2-} + 10H^+ + 8I^-$$
$$I^- + I_2 \rightleftharpoons I_3^-$$

三碘离子的生成，还可减少碘的挥发，因而避免了因挥发而引起的测定误差。滴定时，随着硫代硫酸钠溶液的加入，碘被不断消耗，三碘离子会逐渐解离，溶液中的碘化钾不影响测定结果。

润滑油、润滑脂的检验技术

情境描述：

情境一已经对润滑剂的概念、分类、生产做了一定的介绍。润滑剂根据其产品的主要特性、应用场合和使用对象的不同分类很细。其中润滑油的主要特性指润滑油的黏度、防锈、防腐、抗燃、抗磨等理化性能；润滑脂的主要特性指滴点、锥入度、防水、防腐等理化性能。润滑剂的应用场合主要指机械使用条件的苛刻程度，例如，齿轮油分为工业开式齿轮油、工业闭式齿轮油、车辆齿轮油。车辆齿轮油又分普通车辆齿轮油、中负荷车辆齿轮油和重负荷车辆齿轮油等。润滑剂的使用对象主要是指机械的种类和结构特点。例如，内燃机油分为汽油机油、二冲程汽油机油和柴油机油等。

随着科学技术的发展，机械设备对润滑剂的质量要求越来越高，现在我国注册的润滑油企业有几千家。我国及世界各国为了满足机械设备的润滑要求，新的一些润滑剂产品技术标准不断被制订出来，润滑剂新产品不断生产出来。因此，掌握润滑剂的技术标准、性能指标及其应用范围，对润滑剂的生产、检验、销售、设备的润滑管理是非常必要的。

学习目标：

1. 掌握几种润滑油及润滑脂的牌号、主要技术指标及用途；
2. 掌握几种润滑油及润滑脂的主要技术指标的检验方法、原理；
3. 掌握润滑油及润滑脂检验常用仪器的性能、使用方法和测定注意事项。

任务一　汽油机油机械杂质的测定——称量法

一、任务目标

1. 解读石油和石油产品及添加剂机械杂质的测定标准（GB/T 511—2010）；
2. 汽油机油机械杂质的测定；
3. 训练提高恒定质量的操作技术。

二、仪器与材料

1. 仪器

烧杯或宽颈的锥形瓶（2 个）；称量瓶（2 个）；玻璃漏斗（2 支）；干燥器（1 支）；水浴或电热板（1 支）；定量滤纸（中速，滤速 31～60s，直径 11cm）。

2. 试剂及材料

汽油机油；溶剂油 [符合 GB 1922—80（88）溶油 NY-120 规格] 或航空汽油 [符合 GB 1787—1979（1988）规格]；95％乙醇（化学纯）；乙醚（化学纯）；苯（化学纯）；乙醇-苯混合液（用 95％乙醚和苯按体积比 1∶4 配成）；乙醇-乙醚混合液（用 95％乙醇和乙醚按体积比 4∶1 配成）。

三、测定步骤

1. 试样的准备

将盛在玻璃瓶中的试样（不超过瓶体积的3/4）摇动5min，使之混合均匀。

2. 滤纸的准备

将定量滤纸放在敞盖的称量瓶中，在105～110℃的烘箱中干燥不少于1h。然后盖上盖子放在干燥器中冷却30min后，进行称量，称准至0.0002g。重复干燥（第二次干燥只需30min）及称量，直至连续两次称量之差不超过0.0004g。

3. 称量试样

称取摇匀并搅拌过的试样100g，准确至0.5g。

4. 溶解试样

往盛有试样的烧杯中，加入温热的溶剂油200～400g，并用玻璃棒小心搅拌至试样完全溶解，再放到水浴上预热。在预热时不要使溶剂沸腾。

5. 过滤

将恒定质量的滤纸放在固定于漏斗架上的玻璃漏斗中，趁热过滤试样溶液，并用温热溶剂油将烧杯中的沉淀物冲洗到滤纸上。

6. 洗涤

过滤结束时，将带有沉淀的滤纸用溶剂油冲洗至滤纸上没有残留试样的痕迹，且滤出的溶剂完全透明和无色为止。

7. 烘干

冲洗完毕，将带有机械杂质的滤纸放入已恒定质量的称量瓶中，敞开盖子，放在105～110℃烘箱中不少于1h，然后盖上盖子，放在干燥器中冷却30min后进行称量，称准至0.0002g。重复操作，直至连续两次称量之差不大于0.0004g为止。

四、结果计算

试样的机械杂质，按下式计算：

$$w = \frac{m_2 - m_1}{m} \times 100\% \qquad (5\text{-}1)$$

式中　w——试样中机械杂质的质量分数，%；

　　　m_2——滤纸和称量瓶（或装有沉淀物的微孔玻璃滤器）的质量，g；

　　　m_1——带有机械杂质的滤纸和称量瓶（或无沉淀物的微孔玻璃滤器）的质量，g；

　　　m——试样的质量，g。

五、精密度及报告

1. 重复测定连续两次结果之差，不应超过表5-1中的数值。

表5-1　同一实验者连续两次测定结果的允许误差

机械杂质 w/%	允许差值/%	机械杂质 w/%	允许差值/%
<0.01	0.005	0.1～<1.0	0.02
0.01～<0.1	0.01	≥1.0	0.20

2. 取重复测定两个结果的算术平均值作为实验结果。

3. 机械杂质的含量在0.005%以下时，认为该油无机械杂质。

六、注意事项

1. 所用试剂在使用前均应过滤，用玻璃棒搅拌时不要摩擦玻璃瓶。

2. 在采用滤纸并以乙醇-乙醚混合液、乙醇-苯混合液为洗涤剂时，应将滤纸折叠放在玻璃漏斗中，用50mL温热的上述溶剂油洗涤，然后干燥，恒定质量；干净的滤纸和带有机械杂质的滤纸不应放在同一烘箱中干燥，以免吸附溶剂或油蒸气。

3. 本实验应特别注意防火，应在通风条件良好的实验室中进行，滤纸及洗涤液应倒入指定的容器中，并加以回收。

4. 在测定难以过滤的试样时，试样溶液的过滤和冲洗滤纸，允许用减压吸滤和保温漏斗，或红外线灯泡保温等措施。

5. 如果机械杂质的含量没超过石油产品或填加剂的技术标准的要求范围，第二次干燥及称量处理可以省略。

6. 使用滤纸时，必须进行溶剂的空白实验补正。

七、考核评价

汽油机油机械杂质测定的考核评价表

序号	考核项目	评分要素	配分	评分要点	扣分	得分	备注
1		任务单	10	书写规范 工作原理明确 设计方案完整			
2		仪器准备	10	烧杯或宽颈的锥形瓶 称量瓶			
3		取样	10	试样均匀 装入称量瓶			
4	汽油机油机械杂质测定	机械杂质测定	40	称量 溶解 过滤 洗涤 烘干			
5		记录	10	记录无涂改、漏写 精密度			
6		计算	10	计算碘值			
7		综合素质	10	工作态度 团队合作 发现问题、分析问题、解决问题的能力			
		重大失误	−10	损坏仪器			
	总评		100				

考评教师：　　　　　　　　　　　　　　　　　　　　　　　　　年　　月　　日

任务二　汽油机油闪点和燃点的测定——克利夫兰开口杯法

一、任务目标

1. 解读石油产品闪点和燃点克利夫兰开口杯法的测定标准（GB/T 3536—2008）；

2. 汽油机油开口杯法闪点的测定；

3. 大气压力修正并正确计算、分析结果。

二、仪器与材料

1. 仪器

开口闪点测定器（见图 5-1，符合 SH/T 0318—1992《开口闪点测定器技术条件》）；温度计（符合 GB 514 中开口闪点用温度计的要求）；煤气灯、酒精喷灯或电炉（测定闪点高于 200℃试样时，必须使用电炉）。

2. 试剂

溶剂油（符合 GB 1922 中 NY-120 的要求）或车用汽油；汽油机油试样（闪点为 200～225℃）。

三、测定步骤

1. 试样脱水

试样的水分大于 0.1％时，必须脱水。以新煅烧并冷却的食盐、硫酸钠或无水氯化钙为脱水剂，对试样进行脱水处理，脱水后，取试样的上层澄清部分供试验使用。闪点低于 100℃的试样脱水时不必加热；其他试样允许加热至 50～80℃时用脱水剂脱水。

2. 清洗安装坩埚

内坩埚用溶剂油（或车用汽油）洗涤后，放在点燃的煤气灯上加热，除去遗留的溶剂油。待内坩埚冷却至室温时，放入装有细砂（经过煅烧）的外

图 5-1　石油产品开口闪点和燃点
测定器（克利夫兰开口杯法）

坩埚中，使细砂表面距离内坩埚的口部边缘约为 12mm，并使内坩埚底部与外坩埚底部之间保持 5～8mm 厚的砂层。

3. 装入试样

试样装入内坩埚时，不应溅出，而且液面以上的坩埚不应沾有试样。对于闪点在 210℃和 210℃以下的试样，液面距坩埚口边缘为 12mm（即内坩埚内的上刻线处）；对于闪点在 210℃以上的试样，液面距离口部边缘为 18mm（即内坩埚内的下刻线处）。

4. 安装仪器

将装好试样的坩埚平稳地放置在支架上的铁环（或电炉）中，再将温度计垂直地固定在温度计夹上，并使温度计水银球位于内坩埚中央，使之与坩埚底和试样液面的距离大致相等。

测定装置应放在避风和较暗的地方并用防护屏着，使闪点现象能够看得清楚。

5. 闪点的测定

（1）加热坩埚　使试样逐渐升高温度，当试样温度达到预计闪点前 60℃时，调整加热速度；在试样温度达到闪点前 40℃时，控制升温速度为每分钟升高 4℃±1℃。

（2）点火试验　试样温度达到预计闪点前 10℃时，将点火器的火焰放到距离试样液面 10～14mm 处，并在水平方向沿坩埚内径作直线移动，从坩埚的一边移至另一边所经过的时间为 2～3s。试样温度每升高 2℃应重复一次点火试验。

（3）测定闪点　试样液面上方最初出现蓝色火焰时，立即从温度计读出温度，作为闪点的测定结果，同时记录大气压力。

6. 燃点的测定

（1）点火试验　测得试样的闪点之后，如果还需要测定燃点，应继续对外坩埚进行加热，使试样升温速度为每分钟升高 4℃±1℃。然后，按上述步骤 5.（2）所述方法进行点火试验。

（2）测定燃点　试样接触火焰后立即着火并能继续燃烧不少于 5s，此时立即从温度计读出温度，作为燃点的测定结果，同时记录大气压力。

四、结果计算、处理

1. 将闪点和燃点结果修正到标准大气压 101.3kPa，开口闪点和燃点按下式进行压力修正。

$$t_c = t_0 + 0.25(101.3 - p) \tag{5-2}$$

该公式精确修正仅限在 98.0~104.7kPa 范围内。

2. 重复性：两个闪点结果之差不应大于 17℃，两个燃点结果之差不应大于 14℃，闪点和燃点结果之差均不超过 8℃。

3. 取重复测定两个闪点、燃点结果的算术平均值，作为试样的闪点、燃点。

五、注意事项

1. 对闪点在 300℃以上的试样进行测定时，两支坩埚底部之间的砂层厚度允许酌量减薄，但在试验时必须保持规定的升温速度。

2. 点火器的火焰长度，应预先调整至 3~4mm。

3. 试样蒸气发生的闪火与点火器火焰的闪光不应混淆，如果闪火现象不明显，必须在试样升高 2℃时继续点火证实。

六、考核评价

汽油机油闪点和燃点测定的考核评价表

序号	考核项目	评分要素	配分	评分要点	扣分	得分	备注
1		任务单	10	书写规范 工作原理明确 设计方案完整			
2		仪器准备	10	检查温度计、仪器合格 闪点测定仪应放在避风和较暗的地方 油杯要洗涤，并吹干 擦拭温度计和搅拌叶			
3	汽油机油闪点和燃点的测定	取样	10	取样前应摇匀试样 检查试样水分 取样量符合要求			
4		闪点燃点测定	30	升温开始应搅拌 升温速度应正确 点火火焰大小合适 扫划操作			
5		记录	10	记录大气压 记录无涂改、漏写			
6		数据处理	20	大气压校正			
7		综合素质	10	工作态度 团队合作 发现问题、分析问题、解决问题的能力			
		重大失误	—10	损坏仪器			
	总评		100				

考评教师：　　　　　　　　　　　　　　　　　　　　　　　年　　月　　日

任务三　汽油机油苯胺点的测定

一、任务目标

1. 解读石油产品苯胺点的测定标准（GB/T 262—1988）；

2. 掌握油品苯胺点的测定；

3. 掌握加热冷却的控温操作技术。

二、仪器与材料

1. 仪器

试管：直径（25±1）mm，长度（150±3）mm。玻璃套管：直径（40±2）mm，长度（150±3）mm。

2. 试剂及材料

金属搅拌丝：下端绕成环形，供搅拌试管中的混合物使用。苯胺：分析纯，符合 GB 691 要求。试验苯胺测出正庚烷的苯胺点应为（69.3±0.2）℃。如果试验苯胺达不到此要求，需按测定标准进行精制，直到用来测定正庚烷的苯胺点为（69.3±0.2）℃为止。工业用硫酸钠：要经过煅烧，并放入干燥器中冷却。氢氧化钾或氢氧化钠：化学纯。正庚烷：分析纯；汽油机油试样。

三、测定步骤

1. 准备

苯胺不符合试验要求时，要依照下列步骤进行精制：先在苯胺中加入适量的固体氢氧化钾或氢氧化钠脱水。过滤后，用滤出的苯胺进行蒸馏，只收集馏出 10%～90% 的馏分。这段馏分要装贮在暗色的瓶子里，并加入固体氢氧化钾或氢氧化钠，以防苯胺受潮。使用时，利用倾注法取出澄清的苯胺。

试样中有水时，试验前应进行脱水。

2. 取样

用两支吸量管分别将苯胺 5mL 和试样 5mL，注入清洁、干燥的试管中。

3. 安装

然后用软木塞将温度计和搅拌丝安装在这支试管内。温度计的水银球中部要放在苯胺层与试样层的分界线处。搅拌丝的上端要穿出软木塞的特备小孔，其下端的环要浸到苯胺层。

用软木塞将试管固定在玻璃套管中央。把玻璃套管浸入油浴 60～70mm。套管的上部用支持夹固定在支架上。

在金属罩背面安装好小灯光之后，加热油浴，经常搅拌试管中的混合物和油浴。

4. 加热

以混合物的温度达到预期苯胺点前 3～4℃ 时，控制温度慢慢上升，并不断搅拌混合物。到了混合物呈现透明，就将试管从油浴中提起，搅拌、冷却，混合物的冷却速度每分钟不超过 1℃。

5. 苯胺点记录

苯胺与试样的透明溶液开始呈现浑浊时，这就是试管中的水银球或扁圆形连通管背后的金属丝（应预先使小灯泡发光）刚刚模糊不清的一瞬间，立即记录混合物的温度，作为试样的苯胺点测定结果，要准确至 0.1℃。

四、结果计算、报告

1. 重复性：对于浅色石油产品，两次结果之差不应超过 0.2℃；对于深色石油产品，两次结果之差不应超过 0.4℃。

2. 取重复测定两个结果的算术平均值，作为试样的苯胺点。

3. 检验结果修约至 0.01%。

五、注意事项

1. 当试验用苯胺不符合要求时，要进行精制；

2. 由于苯胺为剧毒、易挥发、易吸潮物品，试验时注意在通风、干燥的环境中进行，并注意人身安全；试剂要妥善保管，废液要合理回收处理；

3. 控制好加热速度；

4. 试样中有水时，试验前应进行脱水。

六、考核评价

汽油机油苯胺点测定的考核评价表

序号	考核项目	评分要素	配分	评分要点	扣分	得分	备注
1		任务单	10	书写规范 工作原理明确 设计方案完整			
2		仪器准备	10	试管 玻璃套管			
3		取样	20	试样均匀 装入试管			
4	汽油机油苯胺点测定	安装	10	温度计 搅拌丝			
5		苯胺点测定	30	加热 搅拌 冷却			
6		记录	10	记录无涂改、漏写 精密度			
7		综合素质	10	工作态度 团队合作 发现问题、分析问题、解决问题的能力			
		重大失误	-10	损坏仪器			
	总评		100				

考评教师：　　　　　　　　　　　　　　　年　月　日

任务四　变压器油水分的测定

一、任务目标

1. 解读蒸馏法测定石油产品水分的标准［GB/T 260—1977（1988）］；

2. 变压器油水分含量的测定；

3. 正确计算水分含量。

二、仪器与材料

1. 仪器

水分测定器［包括：圆底烧瓶（容量为500mL），水分接收器（见图5-2），直管式冷凝管（长度为250～300mm）］。

2. 试剂与材料

溶剂（采用工业溶剂油或80℃以上的馏分，溶剂在使用前必须脱水和过滤）；无釉瓷片（素瓷片）、沸石或一端封闭的玻璃毛细管（必须干燥）；试样（变压器油）。

三、测定步骤

1. 预热试样

将试样预热到40～50℃，摇动5min混合均匀。

2. 称量试样

向洗净并烘干的圆底烧瓶中加入试样100g，称准至0.1g。

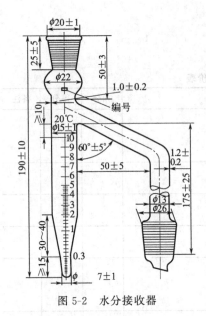

图 5-2 水分接收器

3. 加入溶剂油、沸石

用量筒量取 100mL 溶剂油，注入圆底烧瓶中，将其与试样混合均匀，并投放 3～4 片无釉瓷片（素瓷片）或沸石等。

① 黏度小的试样可先用量筒量取 100mL，注入圆底烧瓶中，再用该未经洗涤的量筒量出 100mL 的溶剂。圆底烧瓶中的试样质量，等于试样的密度乘 100mL 所得之积。

② 当水分超过 10% 时，试样的质量应酌量减少，要求蒸出水不超过 10mL。

4. 安装装置

将洗净、干燥的接收器通过支管紧密地安装在圆底烧瓶上，使支管的斜口进入烧瓶颈部 15～20mm。然后在接收器上连接直管冷凝管。冷凝管的内壁要预先用棉花擦干。用胶管连接好冷凝管上、下水出入口。

水分测定器的各部分连接处，可以用磨口塞或软木塞连接，但仲裁试验时，必须用磨口塞连接，接收器的刻度在 0.3mL 以下设有 10 等分的刻线，0.3～1.0mL 之间设有七等分的刻线；1.0～10mL 之间每分度为 0.2mL。

5. 加热

加热圆底烧瓶，并控制回流速度，使冷凝管斜口每秒滴下 2～4 滴液体。

6. 剧烈沸腾

蒸馏将近完毕时，如果冷凝管内壁有水滴，应使烧瓶中的混合物在短时间内剧烈沸腾，利用冷凝的溶剂将水滴尽量洗入接收器。

7. 停止加热

当接收器中收集的水体积不再增加而且溶剂的上层完全透明时，应停止加热。回流时间不应超过 1h。

8. 读数

圆底烧瓶冷却后，将仪器拆卸，读出接收器内收集的水体积，并按式(5-3) 计算测定结果。

四、结果计算、处理

1. 根据接收器内的水量及所取试样量，即可由式(5-3) 计算出试样的含水质量分数。

$$w = \frac{V\rho}{m} \times 100\% \tag{5-3}$$

式中　w——试样含水质量分数，%；

　　　V——接收器收集水的体积，mL；

　　　ρ——水的密度，g/mL；

　　　m——试样的质量，g。

2. 取两次测定结果的算术平均值，作为试样水分的含量。

五、精密度及报告

在两次测定中，收集水的体积之差，不应超过接收器的一个刻度。

试样水分小于 0.03% 时，认为是痕迹；在仪器拆卸后，接收器中没有水存在，认为试样无水。

六、注意事项

1. 安装时，冷凝管与接收器的轴心线要重合，冷凝管下端的斜口切面要与接收器的支管管口相对。为避免蒸气逸出，应在塞子缝隙上口用脱脂棉塞住或外接一个干燥管，以免空气中的水蒸气进入冷凝管凝结。

2. 停止加热后，如果冷凝管内壁仍沾有水滴，可用无水溶剂油冲洗，或用金属丝带有橡皮或塑料头的一端小心地将水滴推刮进接收器中。

3. 当接收器中的溶剂呈现浑浊，而且管底收集的水不超过 0.3mL 时，将接收器放入热水中浸 20～30min，使溶剂澄清，再将接收器冷却至室温后，读出水的体积。

七、考核评价

变压器油水分测定的考核评价表

序号	考核项目	评分要素	配分	评分要点	扣分	得分	备注
1	变压器油水分测定	任务单	10	书写规范 工作原理明确 设计方案完整			
2		仪器准备	10	蒸馏烧瓶 回流冷凝管 接收器			
3		取样	10	试样均匀 装入蒸馏烧瓶			
4		水分测定	30	加热回流 数据读取			
5		记录	10	记录无涂改、漏写 精密度			
6		计算	20	计算水分含量			
7		综合素质	10	工作态度 团队合作 发现问题、分析问题、解决问题的能力			
		重大失误	—10	损坏仪器			
		总评	100				

考评教师：　　　　　　　　　　　　　　　　　　　　　　　年　　月　　日

任务五　润滑油色度的测定

一、任务目标

1. 解读测定油品颜色的方法标准［GB/T 6540—1986（1991）］；
2. 掌握测定润滑油颜色的方法；
3. 掌握比色仪的操作技术。

二、仪器与试剂

1. 仪器与材料

色度测定仪（由光源、玻璃颜色标准板、带盖的试样容器和观察目镜组成）；试样容器（透明无色玻璃的试样容器。仲裁试验用的玻璃试样杯。常规试验允许用内径为 30～33.5mm，高为 115～125mm 的透明平底玻璃试管）；试样容器盖（可由任何适当材料制成，盖的内面是暗黑色，能完全防护外来光），稀释剂（煤油，用于试验时稀释深色样品。要求煤油的颜色比在 1L 蒸馏水中溶解 4.8mg 重铬酸钾配成的溶液颜色要浅）。

2. 试剂

蒸馏水；润滑油。

三、实验步骤

1. 准备工作

（1）液体石油产品如润滑油，将样品倒入试样容器至 50mm 以上的深度，观察颜色。如果试样不清晰，可把样品加热到高于浊点 6℃ 以上或至浑浊消失，然后在该温度下测其颜色。如果样品的颜色比 8 号标准颜色更深，则将 15 份样品（按体积）加入 85 份体积的稀释剂混合后，测定混合物的颜色。

（2）石油蜡包括软蜡，将样品加热到高于蜡熔点 11～17℃，并在此温度下测定其颜色。如果样品颜色深于 8 号，则把 15 份熔融的样品（按体积）与同一温度的 85 份体积的稀释剂混合，并测定此温度下混合物的颜色。

2. 测试

把蒸馏水注入试样容器至 50mm 以上的高度，将该试样容器放在比色计的格室内，通过该格室可观测到标准玻璃比色板；再将装试样的另一试样容器放进另一格室内。盖上盖子，以隔绝一切外来光线。

接通光源，比较试样和标准玻璃比色板的颜色。确定和试样颜色相同的标准玻璃比色板号，当不能完全相同时，就采用相邻颜色较深的标准玻璃比色板号。

四、精密度

用下列规定来判断试验结果的可靠性（95％置信水平）。

1. 重复性

两个结果色号之差不能大于 0.5 号。

2. 再现性

两个结果色号之差也不能大于 0.5 号。

五、报告

1. 与试样颜色相同的标准玻璃比色板号作为试样颜色的色号，例如 3.0，7.5。

2. 如果试样的颜色居于两个标准玻璃比色板之间，则报告较深的玻璃比色板号，并在色号前面加"小于"，例如：小于 3.0 号，小于 7.5 号。绝不能报告为颜色深于给出的标准，例如：大于 2.5 号，大于 7.5 号，除非颜色比 8 号深，可报告为大于 8 号（见表 5-2）。

3. 如果试样用煤油稀释，则在报告混合物颜色的色号后面加上"稀释"两字。

表 5-2　玻璃颜色标准比色板

GB 色号	颜色坐标			发光透射比 $\tau(\lambda)$ CIE 标准光源 D65
	x	y	z	
0.5	0.482	0.473	0.065	0.86±0.06
1.0	0.489	0.475	0.038	0.77±0.06
1.5	0.521	0.464	0.015	0.67±0.06
2.0	0.552	0.442	0.006	0.55±0.06
2.5	0.582	0.416	0.002	0.44±0.04
3.0	0.811	0.388	0.001	0.31±0.04
3.5	0.140	0.359	0.001	0.22±0.04
4.0	0.671	0.328	0.001	0.152±0.022
4.5	0.703	0.296	0.001	0.109±0.016
5.0	0.736	0.264	0.000	0.081±0.012
5.5	0.770	0.230	0.000	0.058±0.010
6.0	0.805	0.195	0.000	0.040±0.008
6.5	0.841	0.159	0.000	0.026±0.006
7.0	0.877	0.123	0.000	0.016±0.004
7.5	0.915	0.085	0.000	0.0081±0.0016
8.0	0.956	0.044	0.000	0.0025±0.0006

六、考核评价

润滑油色度测定的考核评价表

序号	考核项目	评分要素	配分	评分要点	扣分	得分	备注
1		任务单	10	书写规范 工作原理明确 设计方案完整			
2		仪器准备	20	色度测定仪 玻璃试样杯			
3	润滑油色	取样	20	试样均匀 装入玻璃试样杯			
4	度测定	色度测定	30	滴定操作			
5		记录	10	记录无涂改、漏写 精密度			
6		综合素质	10	工作态度 团队合作 发现问题、分析问题、解决问题的能力			
		重大失误	−10	损坏仪器			
		总评	100				

考评教师：　　　　　　　　　　　　　　　　　　　　　　　　　　　年　　月　　日

【知识链接】

Ⅰ.润滑油部分

一、内燃机油规格

1. 内燃机油的组成

用于内燃式发动机的润滑油称为内燃机润滑油，简称内燃机油、发动机油和曲轴箱油。内燃机油是以适度精制的矿物油（以石油为原料，经分馏、精制和脱蜡等加工过程得到的润滑油料）或合成油（通过有机合成的方法制备的润滑油料）为基础油，加上适量添加剂调和而成的。

我国内燃机油基础油 90％以上为矿物油，合成油的应用较少。实践证明，石蜡基基础油和中间基基础油调和而成的各种性能、级别的内燃机油，包括中、高档内燃机油的质量，均可满足国产和进口车辆以及各种柴油机的使用要求。尽管如此，由于合成基础油具有矿物油所不及的优越性（如杂质少、闪点高、凝点低等），因此近年来在生产高档内燃机油时，仍越来越多地采用合成基础油。我国根据原油性质和黏度指数，将润滑油基础油分为很高（VHVI）、高（HVI）、中（MVI）和低（LVI）黏度指数四类。按调制多级内燃机油的需要，还制定了高黏度指数低凝点（HVIW）和中黏度指数低凝点（MVIW）基础油标准。

所谓油品添加剂是指那些加入油品中能改善和提高油品使用性能的物质。内燃机油中常使用的添加剂有清净分散剂、抗氧抗腐剂、抗磨剂、增黏剂、降凝剂、黏度指数改进剂、抗泡剂和防锈剂等，且多为复合添加剂。

添加剂的用量随润滑油类型和使用要求的不同而异，添加剂过多也会影响润滑油质量。

2. 内燃机油规格

目前，我国有效的汽油机油标准是 GB/T 11121—1995《汽油机油》。该标准规定以精制矿物油、合成油或混合精制矿物油与合成油为基础油，加入多种添加剂制成的汽油机油和汽油机/柴油机通用油的技术条件，其产品适用于四冲程发动机，共包括 SC、SD、SE 和 SF

四个品种的汽油机油，SD/CC、SE/CC 和 SF/CD 三个品种的汽油机/柴油机通用油，每个品种按 GB/T 14096—94 划分黏度等级，见表 5-3 和表 5-4。

表 5-3 柴油机油换油指标和试验方法

项　目		换油指标（GB/T 7607—2002）		试验方法
		CC、SD/CC、SE/CC	CD、SF/CD	
100℃运动黏度变化率/%	超过	±25		GB/T265 或 GB/ T 11137
碱值/(mgKOH/g)	低于	新油的 50%		SH/T 0251
正戊烷不溶物/%	大于	3.0 1.5①		SH/T 8926 B 法
铁含量/(mg/kg)	大于	200 100①	150 100①	SH/T 0197 或 SH/T 0077
酸值增值/(mgKOH/g)	大于	2.0		GB/T 7304
闪点（开口）℃	低于	单级油 180 多级油 160		GB/T 3536
水分 φ/%	大于	0.2		GB/T 260

① 本标准规定了柴油机油、汽油机/柴油机通用油在柴油机上在使用过程中的换油指标。

　　我国的柴油机油标准是 GB/T 11122—1997《柴油机油》。该标准规定以精制矿物油、合成油或混合精制矿物油与合成油为基础油，加入多种添加剂制成的 CC 和 CD 柴油机油的技术条件，所属产品适用于四冲程柴油发动机。

　　内燃机油的命名，包括品种代号和黏度等级。例如，SC15W/40、SE/CC30、CD30、CD20W/40 等。

二、内燃机油的黏度、黏温性

　　黏度反映内燃机油的内摩擦力，是表示其润滑性（油性）和流动性的一项指标。通常，内燃机油黏度越大，油膜强度越高，润滑性越好，但流动性变差。要求内燃机油要有适当的黏度，能形成良好的油膜，起到润滑作用和密封作用，不影响发动机有效功率的发挥。

　　温度升高，所有石油馏分的黏度都减小，最终趋近于一个极限值，各种油品的极限黏度都非常接近；反之，温度降低时，油品的黏度都增大。这种油品黏度随温度变化的性质，称为油品的黏温性或黏温特性。

　　要求内燃机油具有良好黏温性能，以保证高温时有足够的黏度，保持良好的润滑；低温时维持正常的油循环，不发生干摩擦，不影响发动机的冷启动。

　　1. 运动黏度

　　运动黏度是内燃机油的主要质量指标，它对发动机的启动性能、磨损程度、功率损失和工作效率都有直接的影响。

　　内燃机油的黏度与化学组成、结构密切相关。当碳原子数相同时，运动黏度随环数的增加及异构程度的增大而增大。

　　在用内燃机油的黏度增加可能是由于油品氧化加快、不溶物增加、高黏度油泄漏和水分侵入等因素引起的；黏度降低可能是由于低黏度油品泄漏、燃油侵入造成的。

　　运动黏度变化率按下式计算。

$$\eta=\frac{v_1-v_2}{v_2}\times100\%\qquad(5\text{-}4)$$

式中　η——100℃时的运动黏度变化率，%；
　　　v_1——使用中油的黏度实测值，mm²/s；
　　　v_2——新油黏度实测值，mm²/s。

表 5-4 汽油机油技术要求

项目	质量指标 (GB 11121—1995)											试验方法
品种代号	SC					SD(SD/CC)						
黏度等级(按 GB/T 14906)	5W/20	10W/30	15W/40	30	40	5W/30	10W/30	15W/40	20/20W	30	40	—
运动黏度(100℃)/(mm²/s)	5.6~ <9.3	9.3~ <12.5	12.5~ <16.3	9.3~ <12.5	12.5~ <16.3	9.3~ <12.5	9.3~ <12.5	12.5~ <16.3	5.6~ <9.3	9.3~ <12.5	12.5~ <16.3	GB/T 265
低温动力黏度/mPa·s 不大于	3500 (−25℃)	3500 (−20℃)	3500 (−25℃)			3500 (−25℃)	3500 (−25℃)	3500 (−15℃)	4500 (−10℃)		—	GB/T 6538
边界泵送温度/℃ 不高于	−30	−25	−20			−30	−25	−20	−15			GB/T 9171
黏度指数 不小于	—	—	—	75	80	—	—	—	—	75	80	GB/T 1995 或 GBT 2541
闪点(开口)①/℃ 不低于	200	205	215	220	225	200	205	215	210	220	225	GB/T 3536
倾点/℃ 不高于	−35	−30	−23	−15	−10	−35	−30	−23	−18	−15	−10	GB/T 3535
泡沫性(泡沫倾向/泡沫稳定性) /(mL/mL) 24℃ 不大于 93.5℃ 不大于 后 24℃ 不大于	25/0 150/0 25/0					25/0 150/0 25/0						GB/T 12579
沉淀物②/% 不大于	0.01					0.01						GB/T 6531
水分/% 不大于	痕迹					痕迹						GB/T 260
残炭(加剂前)/%	报告					报告						GB/T 268
中和值(加剂前)/(mgKOH/g)	报告					报告						GB/T 7304

① 中黏度指数 (MVI) 和低黏度指数 (LVI) 基础油生产的单级油产品允许比标准规定闪点指标低 10℃。
② 可采用 GB/T 511 测定机械杂质，指标不变。有争议时，以 GB/T 6531 为准。

运动黏度的测定按 GB/T 265—1988《石油产品运动黏度测定法和动力黏度计算法》进行。

2. 低温动力黏度

内燃机油的黏度主要决定于低温启动的最大黏度。黏度大的内燃机油，流动性差，启动后摩擦表面长时间得不到充分润滑，会增加磨损。

在高剪切速率下，通常 $-30 \sim -5℃$ 的低温表观黏度（非牛顿型流体在同一温度下，剪切速率不同，其黏度也不同，这种特性的黏度称为表观黏度）与内燃机油的启动性有关。

同时，内燃机油的黏度也取决于高温剪切下（$150℃$，$10^6 s^{-1}$）能保持油膜的最低黏度，一般不小于 $3.5 mPa \cdot s$。

按 GB/T 6538—2000《发动机油表观黏度测定法（冷起动模拟机法）》测定。测定的主要仪器是冷起动模拟机，它包括驱动转子的电机、指示转子转速的转速计、定子温控系统和冷却循环器。

测定时，将试样加在转子与定子之间，用直流电机驱动装在定子里的转子，调节流经定子的制冷剂流量来控制试验温度，并在靠近定子内壁处测量试验温度。转子转速是黏度的函数，因此由标准曲线和转子转速即可确定试样的黏度。

$$\eta = a + b/N \tag{5-5}$$

式中　η——动力黏度，$mPa \cdot s$；

　N——转速计读数；

　a，b——系数。

3. 黏度指数

黏度指数是衡量油品黏度随温度变化的一个相对比较值。用黏度指数表示油品的黏温特性是国际通用的方法，目前我国已普遍采用这种方法。黏度指数越高，表示油品黏度受温度的影响越小，其黏温性越好；反之越差。

润滑油中的少环长侧链环状烃，既有合适的黏度，又有良好的黏温特性，因此是润滑油的理想组分。内燃机油中加入增黏剂，可大大改善黏度和黏温性，所谓增黏剂是黏度大、黏温性好的高分子聚合物，又称为增稠剂、黏度添加剂或黏度指数改进剂。例如，普通机油（单级油）只适宜在较窄的温度范围内使用，若在基础油中加入增稠剂，可制得黏度指数高于 100 的机油。这种机油具有良好的黏温性，能在很宽的温度范围内使用，此即为多级油。

黏度指数采取计算法，按 GB/T 1995—1998《石油产品黏度指数计算法》进行。

根据规定，人为选定两种标准油，其一为黏温性质很好的 H 油，黏度指数规定为 100；另一种为黏温性质差的 L 油，其黏度指数规定为 0。将这两种油分成若干窄馏分，分别测定各馏分在 $100℃$ 和 $40℃$ 时的运动黏度，然后在两种数据中，分别选出 $100℃$ 运动黏度相同的两个窄馏分组成一组，列成表格，见表 5-5。

确定某一油品的黏度指数时，先测定其在 $40℃$ 和 $100℃$ 时的运动黏度，然后在表中找出 $100℃$ 时与试样黏度相同的标准组。

当试样黏度指数小于 100 时，按式(5-6) 计算黏度指数。

$$VI = \frac{L-U}{L-H} \times 100 = \frac{L-U}{D} \times 100 \tag{5-6}$$

式中　VI——试样的黏度指数；

　L——与试样在 $100℃$ 时的运动黏度相同，黏度指数为 0 的标准油在 $40℃$ 时的运动黏度，mm^2/s；

　H——与试样在 $100℃$ 时的运动黏度相同，黏度指数为 100 的标准油在 $40℃$ 时的运动黏度，mm^2/s；

U——试样在 40℃时的运动黏度，mm²/s。

表 5-5 一些标准油的运动黏度数据

运动黏度(100℃)/(mm²/s)	运动黏度(40℃)/(mm²/s)		
	L	$D=L-H$	H
7.70	93.20	37.01	56.20
7.80	95.43	38.12	57.31
7.90	97.72	39.27	58.45
8.00	100.0	40.40	59.60
8.10	102.3	41.57	60.74
8.20	104.6	42.72	61.89
8.30	106.9	43.85	63.05
8.40	109.2	45.01	64.18
8.50	111.5	46.19	65.32
8.60	113.9	47.40	66.48
8.70	116.2	48.57	67.64
8.80	118.5	49.75	68.79
8.90	120.9	50.96	69.94
9.00	123.3	52.20	71.10
9.10	125.7	53.40	72.27
9.20	128.0	54.61	73.42
9.30	130.4	55.84	74.57
9.40	132.8	57.10	75.73
9.50	135.3	58.36	76.91

注：GB/T 1995—1998 中列出了标准油在 100℃运动黏度为 2～100mm²/s 的数据，本表仅选取一部分。

若试样的运动黏度为 2mm²/s＜v_{100}＜70mm²/s 时，可直接查表 5-6（全部数据详见 GB/T 1995—1998 或各类石油化工图表集）或采用内插法求得 L 和 D 值，再代入式(5-6) 进行计算。

若试样的运动黏度 v_{100}＞70mm²/s，则需用式(5-7)、式(5-8) 计算 L 和 D，再用式 (5-6) 计算黏度指数。

$$L=0.8353v_{100}^2+14.67v_{100}-216 \tag{5-7}$$
$$D=0.6669v_{100}^2+282v_{100}-119 \tag{5-8}$$

式中 v_{100}——试样在 100℃时的黏度，mm²/s。

当试样运动黏度指数 $VI \geq 100$ 时，按式(5-9)、式(5-10) 求算黏度指数。

$$VI=\frac{10^N-1}{0.00715}+100 \tag{5-9}$$
$$N=\frac{\lg H-\lg U}{\lg v_{100}} \tag{5-10}$$

若试样的运动黏度为 2mm²/s＜v_{100}＜70mm²/s 时，由式(5-9)、式(5-10) 直接进行计算。如果数据落在表中所给两个数据之间，可采用内插法求得 L 和 D 值，再代入式(5-9)、式(5-10) 进行计算。

若试样的运动黏度 v_{100}＞70mm²/s 时，需按式(5-11) 计算 H 值后，再代入式(5-9)、式(5-10) 计算试样的黏度指数

$$H=0.1684v_{100}^2+11.85v_{100}-97 \tag{5-11}$$

此外，还可以根据试样的 v_{50} 和 v_{100}，通过图 5-3，直接查出黏度指数。该法简便、快捷、比较准确。其应用范围是 2.5mm²/s＜v_{100}＜65mm²/s，40＜VI＜160。

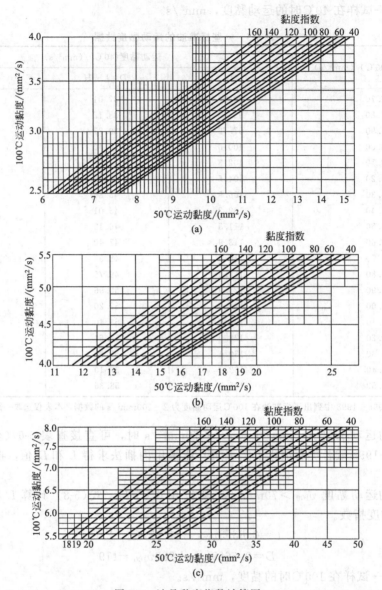

图 5-3　油品黏度指数计算图

　　使用黏度指数计算图时，应先根据试样在 100℃运动黏度的大小选取合适的图，然后在横、纵坐标上分别找出 50℃和 100℃运动黏度所对应的点，再用直尺通过该点分别对横、纵坐标作垂线，两条直线相交点所对应的黏度指数，即为所求。在图 5-3 中没有明确标出的数据，可用内插法求出。

　　三、低温流动性

　　内燃机油的低温流动性对其使用性能影响很大。低温流动性差的内燃机油，不仅影响润滑，也给启动带来困难。因此要求内燃机油在低温使用条件下，能够顺利地泵送，并迅速流到各个摩擦面上，保证机件的可靠润滑。

　　1. 倾点

　　在试验规定的条件下冷却时，油品能够流动的最低温度，称为倾点（或称流动极限），以℃表示。通常，所用内燃机油的倾点应低于环境温度 8～10℃。内燃机油倾点指标见表

5-4。

影响倾点的因素与凝点相同，通过倾点的高低，可以估计石蜡含量，因为石蜡含量越多，油品越易凝固，倾点越高。内燃机油基础油的生产需要通过脱蜡工艺除去高熔点组分，以降低其倾点，但脱蜡加工的生产费用高，通常控制脱蜡到一定深度后，再加入降凝剂，使其倾点达到规定要求。

内燃机油倾点的测定按 GB/T 3535—83(91)《石油倾点测定法》进行，该标准参照采用 ISO 3016—1974。

测定时，将清洁的试样倒入试管至刻线处，按要求预热后，再按规定的条件冷却，同时每间隔3℃倾斜试管一次，检查试样的流动性，直到试管保持水平位置5s而试样无流动时，记录温度，再加3℃作为试样能流动的最低温度，即为试样的倾点。通常，同一油品的倾点高于凝点2～3℃。

2. 边界泵送温度

（1）测定意义　发动机启动过程很短，曲轴箱内的内燃机油来不及泵送到各摩擦面上。因此，发动机启动后，必须在很短的时间内使润滑系的油压达到正常，这样才能保证发动机各摩擦面得到有效的润滑。内燃机油在低温条件下通过油泵泵送至发动机各摩擦面的能力称为低温泵送性，它是冬用油及多级油的重要质量指标之一，也是按黏度分类的一个依据。

所谓边界泵送温度是指能将机油连续、充分地供给发动机入口的最低温度。

（2）检验方法　内燃机油边界泵送温度的测定按 GB/T 9171—88《发动机油边界泵送温度测定法》进行。该标准等效采用 ASTM D 3829—79，适用于预测发动机油在−40～0℃范围内的边界泵送温度。其主要仪器为小型旋转黏度计，它由一个或多个黏度计单元所组成，每个黏度计单元包含一个已校准的转子-定子部件，所有黏度计单元同置于可控温度的铝块浴内。

测定时，试样从80℃开始，以非线性速率冷却10h，达到试验温度，再恒温冷却16h。然后，在旋转黏度计上，逐步施加规定的扭矩，观察并测定其转动速度，再计算该温度下的屈服应力（即某些非牛顿型流体刚开始流动时所需的剪切应力，它是低温冷却速率、恒温时间和温度的函数）和表观黏度。由三个或三个以上试验温度所得结果，作图即可确定该试样的边界泵送温度。

四、清洁性

1. 水分

成品内燃机油水分很少，限制为痕迹；在用油品中的水分主要来自于空气水分的凝结或冷却系统水的泄漏。水分会引起腐蚀和氧化，并可能造成油品的乳化，在冬季还能冻结成冰粒，堵塞输油管和滤网，影响可靠润滑，增加机件的磨损。因此，水分的检测很重要，如果水分大于0.2%，必须更换新油。

水分测定采用蒸馏法，按 GB/T 260—77(88) 进行。

2. 硫酸盐灰分

内燃机油灰分过多，可能形成硬质积炭，使摩擦加剧；某些添加剂（如防锈剂、缓蚀剂）的加入也可使灰分增高。因此，根据灰分的大小，也可判断添加剂的含量。

硫酸盐灰分的测定按 GB/T 2433—2001《添加剂和含添加剂润滑油硫酸盐灰分测定法》标准方法进行。该方法参照 ISO 3987—1980、ASTM D 874—96，适用于测定添加剂和含有添加剂润滑油的硫酸盐灰分。测定时，将试样用无灰滤纸点燃并燃烧到仅剩下灰分和微量碳。冷却后，残渣用浓硫酸处理，并在775℃±25℃下加热，直到碳被完全氧化。冷却后，再用稀硫酸处理，并在775℃±25℃加热至恒定质量，试验结果以质量分数表示。

五、抗燃性

1. 意义

内燃机油的使用中，闪点具有重要的意义。通常内燃机油都具有较高的闪点，使用时不易着火燃烧，如果发现油品的闪点显著降低，则说明内燃机油已受到燃料的稀释，应及时检修发动机或换油。例如，单级汽油机油闪点低于 165℃、多级汽油机油闪点低于 150℃时，必须更换新油。

2. 检验方法

内燃机油闪点的测定按 GB/T 3536—1983(1991)《石油产品闪点和燃点测定法（克利夫兰开口杯法）》进行。该法等效采用了 ISO 2592—1973，适用于内燃机油等重质油及闪点高于 79℃的石油产品，否则有着火或爆炸的危险。

Ⅱ. 润滑脂部分

一、润滑脂的组成与规格

1. 润滑脂的组成

润滑脂是将稠化剂分散于液体润滑油组成的一种固体或半固体混合物，在其中可以加入旨在改善某种特性的添加剂和其他成分。润滑脂具有很高的黏附力，在摩擦表面上不易流动，常温下能够保持自己的形状，并能在敞开或密封不良的摩擦部位工作，起润滑、密封和保护作用，因此能弥补润滑油的不足之处。润滑脂广泛应用于航空、汽车、纺织、食品等工业机械和轴承的润滑。

由于润滑脂的黏滞性强，使设备的启动负荷增大；流动性差，散热冷却效果不好，且供脂、换脂不方便。因此，限制了其在高温（大于 250℃）、高转速（超过 2000r/min）条件下的使用。

润滑脂由基础油、稠化剂、稳定剂和添加剂等组成，其主要性质决定于稠化油和基础油。

基础油占润滑脂的 70%～90%，脂的润滑性、黏温性能、腐蚀性、胶体安定性、抗氧化安定性等与基础油的种类、精制深度、凝点、黏度、热安定性、抗氧化安定性、润滑性等都有直接关系。基础油的性质与润滑脂性能的关系见表 5-6。

表 5-6　基础油性质与润滑脂性能的关系

基础油性质	对润滑脂性质的影响	基础油性质	对润滑脂性质的影响
氧化安定性	使用寿命和高温储存寿命	烃类组成	胶体安定性和结构
凝点	低温泵送性和启动性能	黏度和黏度指数	泵送性和黏温性

一般要求基础油具有一定的精制深度、适宜的黏度和黏度指数、较低的凝点、良好的热安定性和抗氧化安定性、良好的润滑性、不易燃，不腐蚀机件。

稠化剂是一些有稠化作用的固体物质，占 10%～30%，它是润滑脂的骨架，能把基础油吸附在骨架内，使其失去流动能力而成为膏状（半固体）物质，稠化剂的性质和含量决定润滑脂的稠度及耐水耐热等使用性能。稠化剂分为皂基稠化剂和非皂基稠化剂两大类，目前常用的润滑脂多由皂基稠化基础油制成。润滑脂的耐温性、耐负荷性、耐水性、附着性、软硬程度等性能主要取决于稠化剂的种类和含量。

稳定剂的作用是使稠化剂和基础油能够稳定地结合而不易产生分油。其用量虽少，但对某些润滑脂来说是必不可少的。稳定剂是一些极性较强的物质，如有机酸、醇、胺等化合物，它能使基础油与皂基稠化剂结合更加稳定，水也是一种特殊的稳定剂。

添加剂的作用是改善润滑脂的某种特殊性能。主要有抗氧化剂、极压抗磨剂、防锈剂及结构改善剂等，一般用量比润滑油中的多。此外为提高润滑脂抵抗流失和增强润滑能力，常添加一些石墨、二硫化钼和炭黑等作为填料。

2.润滑脂分类

（1）按稠化剂分类　润滑脂的性能特点主要决定于稠化剂的类型，用稠化剂命名可以体现润滑脂的主要特性。按该法分类，润滑脂分为皂基脂和非皂基脂两大类。

以高级脂肪酸的金属盐类作为稠化剂而制成的润滑脂称为皂基润滑脂。皂基润滑脂占润滑脂产量的90%左右。按稠化剂的不同，皂基润滑脂又分成单皂基润滑脂（如钙基、钠基、锂基等）、混合皂基润滑脂（如钙-钠基）和复合皂基润滑脂（如复合钙基、复合铝基等）。非皂基润滑脂又分为烃基润滑脂、无机润滑脂和有机润滑脂。

（2）按润滑脂使用性能、使用部位分类　润滑脂根据其主要使用性能可分为减摩润滑脂、防护润滑脂、密封润滑脂和增摩润滑脂等。按使用部位可分为滚动轴承脂、电机用脂、钢丝绳脂、轮毂脂、齿轮脂等。

（3）按国家标准分类　润滑脂种类复杂，牌号繁多，上述分类方法不足以表达润滑脂的使用性能，为此国家就润滑脂分类方法接受并等效采用ISO 6743/9—1987，制定了我国国家标准GB/T 7631.8—1990《润滑剂及有关产品（L类）的分类　第八部分：X组润滑脂》。该标准根据润滑脂应用时的操作条件、环境条件及需要润滑脂具备的各种使用性能作为分类代号的基础进行分类。使用性能包括最低使用温度、最高使用温度、抗水和防锈水平、极压抗磨性能和稠度牌号等状况。每种润滑脂用5个大写字母组成的代号表示，首字母X代表润滑脂属类，后面的四个英文字母，分别表示使用性能水平，再用一个字母表示稠度等级，由此组成的代号可以反映这种润滑脂的使用性能水平。

3.润滑脂规格

现以几种典型润滑脂为例，介绍其规格、性能及用途。

（1）钙基润滑脂　钙基润滑脂俗称"黄油"，是由动植物油与氢氧化钙反应生成的钙皂为稠化剂，稠化中等黏度润滑油而制成的。合成钙基润滑脂则是用合成脂肪酸钙皂稠化中等黏度的润滑油而制成的。钙基润滑脂按锥入度划分为1号、2号、3号和4号四个牌号。号数越大，脂越硬，滴点也越高。其质量指标见表5-7。

表5-7　钙基润滑脂的质量指标

项　　　目		质量指标（GB 491—1987）				试验方法
		1号	2号	3号	4号	
外观		淡黄色至暗褐色均匀油膏				目测
工作锥入度/(1/10)mm		310～340	265～295	220～250	175～205	GB/T 269
滴点/℃	不低于	80	85	90	95	GB/T 4929
腐蚀(T₂铜片,室温,24h)		铜片上没有绿色或黑色变化				GB/T 7326
水分/%	不大于	1.5	2.0	2.5	3.0	GB/T 512
灰分/%	不大于	3.0	3.5	4.0	4.5	SH/T 0327
钢网分油量(60℃,24h)/%	不大于	—	12	8	6	SH/T 0324
延长工作锥入度（1万次）与工作锥入度差值/(1/10)mm	不大于	—	30	35	40	GB/T 269
水淋流失量(38℃,1h)/% 不大于		—	10	10	10	SH/T 0109
矿物油黏度(40℃)/(mm²/s)		28.8～74.8				GB/T 265

钙基润滑脂耐水性好，遇水不易乳化变质，能在潮湿环境或与水接触的情况下使用；胶体安定性好，储存中分油量少。但其抗热性能差，使用寿命短，是在国际上趋于淘汰的产品。

（2）钠基润滑脂　钠基润滑脂是以中等黏度润滑油或合成润滑油与天然脂肪酸钠皂稠化而成的，其外观为深黄色到暗褐色的纤维状均匀油膏。按锥入度划分为 2 号、3 号。

钠基润滑脂具有良好的耐热性，长时间在较高温度下使用也能保持其润滑性；对金属的附着能力较强；但抗水性能差，遇水易乳化。可用于振动大、温度较高（－10～120℃）的滚动或滑动轴承上，不适用于与水相接触的润滑部位。

（3）锂基润滑脂　锂基润滑脂是一种多用途、多效能的通用润滑脂，它兼有其他润滑脂的共同优点。以天然脂肪酸锂皂稠化中等黏度的润滑油或合成润滑油，并添加抗氧剂、防锈剂和极压剂而制成。它是取代钙基、钠基及钙钠基润滑脂的换代产品。通用锂基脂按锥入度的大小分为 1 号、2 号和 3 号三个牌号。

通用锂基润滑脂具有良好的抗水性、耐温性、机械安定性、防腐蚀性和胶体安定性。适用于工作温度－20～120℃范围内各种机械设备的滚动轴承及其他摩擦部位的润滑。

（4）复合铝基润滑脂　复合铝基润滑脂是由硬脂酸、另一种有机酸或合成脂肪酸及低分子有机酸的复合铝皂稠化中等黏度的润滑油而制成。

复合铝基润滑脂的滴点较高，具有热可逆性，使用时稠化度变化较小，加热不硬化，流动性能好，还具有良好的抗水性和胶体安定性。因此适用于－20～150℃温度范围的各种机械设备的高温、高速、高湿条件下的滚动轴承上。

二、润滑脂的检验方法

由于润滑脂成分复杂、用途广泛、要求苛刻，因此对润滑脂在物理性质和化学性质方面要求也多种多样，评价项目也很多，以下主要介绍几个常见的重要指标。

1. 锥入度

锥入度是指在规定的负荷、时间和温度条件下，试验锥体刺入润滑脂试料的深度。反映润滑脂在低剪切速率条件下的变形与流动性能。根据锥入度的数据可以评定润滑脂的稠度，划分润滑脂稠度等级。

锥入度的测定按 GB/T 269—91《润滑脂和石油脂锥入度测定法》进行，该法等效采用 ISO 2137—1985，方法规定在 25℃±0.5℃下、将规定负荷（150g±0.05g）的锥体组合体（锥体和锥杆）下落 5s，钝角形尖的锥体刺入润滑脂的深度作为润滑脂的锥入度，以 1/10mm 表示。

方法也规定了检查少量样品的微锥入度法。即当样品量少不能用全尺寸锥体测定，且润滑脂的全尺寸锥入度在 175～385 单位时，以全尺寸锥体的 1/2 或 1/4 比例锥体测定锥入度。1/2 比例锥体组合体总质量为 37.5g±0.025g，1/4 比例锥体组合体总质量为 9.38g±0.025g。测定方法和普通方法相似，其结果可以换算成普通锥入度数值。

1/4 比例锥体　　　　$P_{近似的全尺寸锥入度} = 3.75 p_{1/4锥入度} + 24$

1/2 比例锥体　　　　$P_{近似的全尺寸锥入度} = 2 r_{1/2锥入度} + 5$

测定时将试样首先按规定条件恒温（25℃±0.5℃），然后按润滑脂锥入度测定方法用锥入度测定计进行测定。石油脂试样则经熔化和冷却后测定锥入度。锥入度测定计由锥体组合体（锥体和锥杆）、读数器、平台及调节装置等部件组成，锥入度计的锥体组合件或平台必须能够精确调节锥尖位于润滑脂平面上时其指示器读数指零。当释放锥体时，至少能下落 62mm，并且无明显摩擦，锥尖也不能碰击到试样容器的底部。仪器上带有水平调节螺丝和酒精水平仪，通过调节可以使锥杆处于垂直位置。

润滑脂的锥入度有如下几种。

（1）工作锥入度　指试样在润滑脂工作器（又称捣脂器）中经过 60 次全程往复工作后，在规定温度下立即测定的锥入度。它用于检测润滑脂经机械作用后的触变性能。

（2）不工作锥入度　指试样在尽可能少搅动的情况下，从样品容器中转移至工作器脂杯中测定的锥入度。

（3）延长工作锥入度　指试样在其工作器中经过多于 60 次全程往复工作后测定的锥入度。

（4）块锥入度　指试样在没有容器的情况下，具有保持其形状的足够硬度时测定的锥入度。

2. 滴点

滴点是将润滑脂装入滴点计的脂杯中，在规定的标准条件下，润滑脂在试验过程中达到一定流动性的温度。亦即在规定的标准条件下，试样由半固态转变为液态时的温度，以℃表示。其实质是：润滑脂受热熔化或润滑脂受热后油皂分离，析出的油滴自然落下或润滑脂受热变软，成为油柱自然落下时的温度。

润滑脂滴点的测定采用 GB/T 4929—1985(1991)。测定时，将润滑脂装入滴点计的脂杯中，在规定的加热条件下，记录从标准仪器的脂杯中滴下第一滴液体（或流出液柱 25mm 长）时的温度，即为该润滑脂的滴点。

滴点是润滑脂规格中的耐温性能指标，用它可以估计其最高使用温度。由于滴点时润滑脂已由半固态转变为液态，因此已丧失对金属表面的黏附能力。通常，润滑脂要在比其滴点低 10～30℃或更低的温度下使用。

另外，对宽温度范围的润滑脂滴点的测定可采用 GB/T 3498—1983(1991)。

❖ 学习情境六

天然气、溶剂油的检验技术

情境描述：

天然气是主要由甲烷组成的气态化石燃料。主要存在于油田和天然气田，也有少量出于煤层。可分为伴生气和非伴生气两种。天然气无色、无味、无毒且无腐蚀性。天然气从气田开采出来，要经过处理、液化、航运、接收和再气化等几个环节，最终送至终端用户。天然气主要可用于发电，效率高，建设成本低，建设速度快；也可用作化工原料，以天然气为原料的一次加工产品主要有合成氨、甲醇、炭黑等近 20 个品种，经二次或三次加工后的重要化工产品则包括甲醛、醋酸、碳酸二甲酯等 50 个品种以上；天然气广泛用于民用及商业燃气灶具、热水器、采暖及制冷，也用于造纸、冶金、采石、陶瓷、玻璃等行业，还可用于废料焚烧及干燥脱水处理。天然气汽车的一氧化碳、氮氧化物与碳氢化合物排放水平都大大低于汽油、柴油发动机汽车，不积炭，不磨损，运营费用很低，是一种环保型汽车。天然气的质量关系到工业生产、人民生活等各个方面。

溶剂油则可分为链烷烃、环烷烃和芳香烃三种。实际上除乙烷、甲苯和二甲苯等少数几种纯烃化合物溶剂油外，溶剂油都是各种结构烃类的混合物。溶剂油的用途十分广泛。用量最大的首推涂料溶剂油（俗称油漆溶剂油），其次有食用油、印刷油墨、皮革、农药、杀虫剂、橡胶、化妆品、香料、医药、电子部件等溶剂油。其主要用在抽出大豆油、菜籽油、花生油和骨油等动植物油脂的抽提溶剂油，用于橡胶、鞋胶、轮胎等领域的橡胶溶剂油，用于油漆、涂料工业的油漆溶剂油，还有洗涤溶剂油、油墨溶剂油等。目前有 400～500 种溶剂在市场上销售，其中溶剂油（烃类溶剂、苯类化合物）占一半左右。选择溶剂油应主要考虑其溶解性、挥发性及安全性。溶剂油的质量同样关系到经济、安全、环保等各个方面。

学习目标：

1. 理解天然气和溶剂油的牌号、主要技术指标及用途；
2. 掌握天然气和溶剂油的主要技术指标的检验方法、原理；
3. 掌握天然气和溶剂油检验常用仪器的性能、使用方法和测定注意事项。

任务一　天然气组成的测定（气相色谱法）

一、任务目标

1. 解读气相色谱法测定天然气组成的标准（GB/T 13610—2003）；
2. 掌握气相色谱法测定天然气组成的原理和方法；
3. 掌握天然气组成分析中数据处理及结果表示的方法。

二、仪器与试剂

1. 仪器

气相色谱仪：配备热导检测器、记录仪或色谱数据工作站、定量进样六通阀、吸附柱、分配柱（见天然气组成测定）等；干燥器：用于脱除气样中的水分而不影响待测组分；阀：用于切换和试样反吹。

2. 试剂及材料

载气：氮气或氢气，纯度不低于 99.99%；氮气或氩气，纯度不低于 99.99%；标气：按 GB 5274 配制或从经国家认证的生产单位购买。

三、试验步骤

1. 准备工作

（1）仪器的准备 按照分析要求，安装好色谱柱。调整操作条件，并使仪器稳定。

（2）气样的准备 按照天然气取样规则采取天然气试样。如果试样中硫化氢含量大于 300×10^{-6}，取样时在取样瓶前连接一根装有碱石棉的吸收管脱除硫化氢，此过程会将二氧化碳也脱除，这样获得的是无酸气基的结果。

2. 进样

将样品瓶和仪器进样口之间用不锈钢管或聚四氟乙烯管连接，打开样品瓶的出口阀，用气样吹扫包括定量管在内的进样系统，定量管的进样压力应接近大气压力，关闭样品瓶阀，立即切换六通阀，将气样导入色谱仪。或用真空法进样，仪器连接如图 6-1 所示。将进样系统抽真空，使绝对压力低于 100Pa，将与真空系统连接的阀关闭，然后仔细地将气样从样品瓶充入定量管至所要求的压力，随后切换，将气样导入色谱仪。

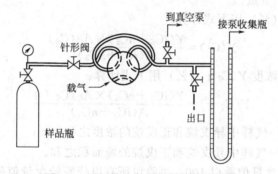

图 6-1 用于导入负压气样的管线排列

3. 分离乙烷和更重组分、二氧化碳的分配柱操作

使用氦气或氢气作载气，进样，并在适当的时候反吹重组分，得到谱图。按同样的方法获得标准气的响应，按式(6-1)计算待测组分的浓度。如果甲烷与氮、氧分离完全，则甲烷的含量也可同时求得。但进样量不得超过 0.5mL。

4. 分离氧、氮和甲烷的吸附柱操作

使用氦气或氢气作载气，对于甲烷的测定，进样量不得超过 0.5mL。进样获得气样中氧、氮、甲烷的响应，按同样方法获得氮和甲烷标气的响应，按式(6-1) 计算。

5. 分离氮和氢的操作

使用氮气或氩气作载气，分别进样 1～5mL，获得样品和标气中氦、氢的响应，计算。

6. 分析丙烷和更重组分

使用一根长 5m 的 BMEE 色谱柱（柱温 30℃）或合适长度的其他分配柱，进样 1～5mL，用 5min 分离丙烷到正戊烷之间的各组分，正戊烷分离后反吹。按同样方法获得标气相应的响应，计算同上。

7. 分析己烷和更重组分

可用一根分配柱单独分离己烷和更重组分，以获得反吹组分更详细的组成分类资料。

四、计算和报告

天然气中的永久性气体和己烷以前的组分，利用式(6-1) 计算。

$$Y_i = Y_{si} \times \frac{H_i}{H_{si}} \tag{6-1}$$

式中 Y_{si}——标气中 i 组分的摩尔分数，%；

H_i、H_{si}——气样和标气中 i 组分的峰高（或峰面积），mm（mm^2）。

己烷及更重组分先按式(6-2) 及式(6-3) 计算修正峰面积，再按式(6-4) 和式(6-5) 计算相应含量。

己烷的修正峰面积按下式计算：

$$A_C(C_6) = \frac{M(C_5)}{M(C_6)} \times A_m(C_6) = \frac{72}{86} \times A_m(C_6) \tag{6-2}$$

庚烷及更重组分的修正面积按下式计算：

$$A_C(C_7+) = \frac{M(C_5)}{M(C_7+)} \times A_m(C_7+) = \frac{72}{M(C_7+)} \times A_m(C_7+) \tag{6-3}$$

式中 A_m——测量的峰面积，A_C 与 A_m 用相同单位表示；

(C_6)——己烷；

(C_7+)——庚烷及更重组分；

M——相对分子质量。

己烷的浓度 $Y(C_6)$（%） 用下式计算：

$$Y(C_6) = \frac{Y(iC_5 + nC_5) \times A_C(C_6)}{A(iC_5 + nC_5)} \tag{6-4}$$

庚烷及更重组分的浓度 $Y(C_7+)$（%） 用下式计算：

$$Y(C_7+) = \frac{Y(iC_5 + nC_5) \times A_C(C_7+)}{A(iC_5 + nC_5)} \tag{6-5}$$

式中 $Y(iC_5 + nC_5)$——气样中异戊烷和正戊烷的浓度之和，%；

$A(iC_5 + nC_5)$——气样中异戊烷和正戊烷的峰面积之和。

将每个组分的原始含量值乘以 100，再除以所有组分原始含量值的总和，即为每个组分归一的摩尔百分含量，所有组分值的原始含量总和与 100.0% 的差值不应该超过 1.0%。

每个组分浓度的有效数字应按量器的精度和标气的有效数字取舍，气样中任何组分浓度的有效数字位数，不应多于标气中相应组分浓度的有效数字位数。

五、重复性和再现性

本试验重复性和再现性的要求见表 6-1。

表 6-1   天然气组成分析结果的精密度要求

组分浓度范围 Y_i	重复性 ΔY_i	再现性 $\Delta Y_i'$
0.01~1	0.04	0.07
1~5	0.07	0.10
5~10	0.08	0.12
>10	0.20	0.30

六、注意事项

天然气中组成相差悬殊（如甲烷含量很高，而重组分含量较小），组分在同一根色谱柱上分离不完全，因此定量方法不能用归一化法，而是采用样品气与标准气相应对照的方法定量。通常先分类测定，最后对结果进行归一化。计算结果时必须将所有谱图的衰减换算为同一个衰减值。

七、考核评价

天然气组成（气相色谱法）测定的考核评价表

序号	考核项目	评分要素	配分	评分要点	扣分	得分	备注
1		任务单	10	书写规范 工作原理明确 设计方案完整			
2		仪器准备	20	载气流量 柱温 检测器温度 桥路电流 记录仪基线 水浴温度 转子流量计 气瓶与针形阀、水浴、六通阀等连接			
3	天然气组成测定	取样	10	调六通阀 汽化速度 冲洗置换气路			
4		测定	20	加热回流 数据读取			
5		记录	10	仪器操作条件 记录无涂改、漏写 精密度			
6		计算	20	测量各组分的峰面积 计算			
7		综合素质	10	工作态度 团队合作 发现问题、分析问题、解决问题的能力			
		重大失误	−10	损坏仪器			
	总评		100				

考评教师：　　　　　　　　　　　　　　　　　　　　　　　年　　月　　日

任务二　溶剂油芳烃含量的测定

一、任务目标

1. 解读芳烃含量测定的标准（SH/T 0118—1992）；

2. 掌握溶剂油中芳烃含量测定的原理及方法；

3. 掌握苯胺点的测定方法及其在油品分析中的应用。

二、仪器和试剂

1. 仪器

梨形分液漏斗（250mL）；量筒（50mL）；发烟硫酸（分析纯）；硫酸（分析纯）。

2. 试剂

氢氧化钠（分析纯，配成100g/L氢氧化钠溶液）；无水氯化钙（化学纯）；酚酞（配成10g/L酚酞-乙醇溶液）。

三、试验步骤

量取试样与 98.5%±0.5%（质量分数）硫酸溶液各 30mL，加入同一个梨形分液漏斗中，在环境温度为 10~20℃下，振荡 10min，使其充分混合。同时经常开梨形分液漏斗的旋塞，使气体放出，待混合物静置分层后，将酸液放出，用 100g/L 氢氧化钠洗涤试样，再以 10g/L 酚酞-乙醇溶液为指示剂，用蒸馏水洗至中性，然后用无水氯化钙干燥。

按照 GB/T 262 测定试样除去芳烃后与原试样的苯胺点，用来计算试样的芳烃含量。

四、计算

试样中芳烃含量 X 按式(6-6) 计算：

$$X=K(t_1-t) \tag{6-6}$$

式中　　t_1——试样除去芳烃后的苯胺点，℃；

　　　　t——原试样的苯胺点，℃；

　　　　K——计算芳烃百分数的系数，℃$^{-1}$。

测定油漆工业用溶剂油芳烃含量时，$K=1.29$℃$^{-1}$；测定橡胶工业用溶剂油芳烃含量时，芳烃含量在 1.5% 以下时，$K=1$℃$^{-1}$；芳烃含量在 1.5%~3% 时，$K=1.16$℃$^{-1}$；芳烃含量大于 3%~5%，$K=1.17$℃$^{-1}$。

五、注意事项

1. 除去芳烃的反应时间要充分；
2. 与苯胺点测定的试验相同；
3. 精密度按苯胺点测定的精密度要求。

六、考核评价

溶剂油芳烃含量测定的考核评价表

序号	考核项目	评分要素	配分	评分要点	扣分	得分	备注
1		任务单	10	书写规范 工作原理明确 设计方案完整			
2		仪器准备	10	试管 玻璃套管			
3		取样	10	试样均匀 装入试管			
4	溶剂油芳烃含量测定	安装	10	温度计 搅拌丝			
5		苯胺点测定	30	加热 搅拌 冷却			
6		记录	10	记录无涂改、漏写 精密度			
7		计算	10	准确度			
8		综合素质	10	工作态度 团队合作 发现问题、分析问题、解决问题的能力			
		重大失误	−10	损坏仪器			
总评			100				

考评教师：　　　　　　　　　　　　　　　　　　　　　　　　　年　　月　　日

【知识链接】

Ⅰ.天然气部分

一、天然气规格

1. 天然气的组成

天然气主要有以下几种来源：①从气井或气田开采出来的气称纯天然气；②伴随石油一起开采出来的石油气，也称石油伴生气；③含石油轻质馏分的凝析气田气；④从井下煤层抽出的矿井气。

纯气田天然气主要成分是甲烷，还有少量的乙烷、丙烷、丁烷和非烃气体，例如，氮、硫化氢和二氧化碳等。

凝析气田天然气由井口流出后，经减压、降温分离为气液两相。气相经净化后成为商品天然气。液相凝析液主要是凝析油（可能含有部分被凝析出的水分）。凝析气田天然气（指井口流出物）除含有甲烷、乙烷外，还含有一定数量的丙烷、丁烷及戊烷以上的一些轻油馏分。

伴生气是伴随原油共生，可与原油同时被采出。原油伴生气的组成与分离出凝析油之后的凝析气田的天然气很相似。

煤矿矿井气俗称瓦斯气，其组成主要以甲烷为主，同时含有其他成分。

在天然气中还经常杂有非烃气体，其中最主要的是二氧化碳，其余为硫化氢、氦、氮等。天然气中一般不含氧、一氧化碳及不饱和烃。某些天然气中氧的存在是由于混入了空气的缘故。

压缩天然气（compressed natural gas，CNG）是天然气加压（超过 3600 lbf/in², 1 lbf/in² = 6894.76Pa）并以气态储存在容器中。它与管道天然气的组分相同，CNG 可作为车辆燃料利用。

液化天然气（liquefied natural gas，LNG）是气田开采出来的天然气，经过脱水、脱酸性气体和重烃类，然后压缩、膨胀、液化而成的低温液体。LNG 为 -160℃ 的超低温液体，汽化至常温、常压有约 840kJ/kg 冷热放出，液化后的 LNG，其体积只有液化前的 1/600，液化天然气的质量仅为同体积水的 45% 左右。LNG 是天然气的一种独特的储存和运输形式。

2. 天然气的质量要求

GB 17820—1999 和 GB 18047—2000 分别规定了天然气和车用压缩天然气的质量要求。两个标准中的指标和相应的分析方法基本相同，车用压缩天然气标准对氧气的含量作了专门的要求，见表 6-2。

表 6-2　天然气和车用压缩天然气的质量要求

项　目	天然气			车用压缩天然气	试验方法
	一类	二类	三类		
高位发热量/(MJ/m³)	>31.4				GB/T 11062
总硫(以硫计)/(mg/m³)	≤100	≤200	≤460	≤200	GB/T 11061
硫化氢/(mg/m³)	≤6	≤20	≤460	≤15	GB/T 11061
二氧化碳 y_{CO_2}/%	≤3.0				GB/T 13610
氧气 y_{O_2}/%	不要求			≤0.5	GB/T 13610
水露点/℃	在天然气交换点的压力和温度条件下，天然气的水露点应比最低环境温度低5℃			在汽车驾驶的特定地理区域内，在最高操作压力下，水露点不应高于-13℃；当最低气温低于-8℃，水露点比最低气温低5℃	GB/T 17283

注：1. 标准中气体体积的标准参比条件是 101.325kPa，20℃；
2. GB 17820 实施之前建立的天然气输送管道，在天然气交接点的压力和温度条件下，天然气应无游离水。无游离水是指天然气经机械分离设备分出不游离水。

二、天然气组成检验

1. 测定意义

天然气的物性参数都和其组成直接相关,有些物性参数可测量得到,有些参数测定不方便,此时如果知道天然气的具体组成,就可以用一些关系式计算所需的参数。如饱和蒸气压、热值、平均相对分子量等参数的计算,对工艺设计和核算具有重要意义。

2. 天然气组成检验(气相色谱法)

GB/T 13610—2003 中规定了测定天然气中氦、氮、氧、氢、二氧化碳、甲烷、乙烷、丙烷、异丁烷、正丁烷、异戊烷、正戊烷、己烷和更重组分的方法,该方法可以测定上述组分中的一个或几个;天然气中较重组分的定量分析也可以采用 GB/T 17281—1998 "天然气中丁烷至十六烷烃类的测定(气相色谱法)"。

GB/T 13610—2003 方法是利用外标法定量分析。将待测气样和已知组成的标准混合气,在同样的色谱操作条件下分别进样,用气相色谱法进行分离,再将二者相应的各组分进行比较,用标准气的组成数据计算气样相应的组成。如果天然气试样中氧气、氮气含量很小或不需要测定时,用氢气或氦气作载气,通常用一根色谱柱可以分析其中的组分。如用 25%BMEE/chromosorb P(7m)分析,进样 0.25mL,待正戊烷出峰后,再反吹出己烷及更重的组分,得到的谱图如图 6-2 所示。

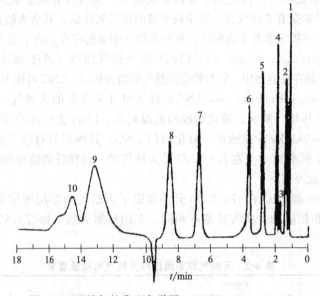

图 6-2　天然气的典型色谱图(GB/T 13610—2003)

色谱条件:色谱柱:25%BMEE/chromosorb P;柱长 7m;柱温 25℃;载气:氦气,40mL/min;进样量 0.25mL
1—甲烷和空气;2—乙烷;3—二氧化碳;4—丙烷;5—异丁烷;6—正丁烷;7—异戊烷;
8—正戊烷;9—庚烷和更重组分;10—己烷

将试样和标准气的两张谱图中的相同组分进行比较,正戊烷以前的组分含量按式(6-1)可以计算出各组分的含量。

正戊烷以后的组分用载气反吹色谱柱,可以得到色谱图。测量反吹的己烷、庚烷或更重组分的峰面积,并在同一张谱图上测定正戊烷和异戊烷的峰面积,将所有测量的峰面积换算到同一衰减,先计算出反吹峰的修正峰面积,然后根据修正峰面积、正戊烷和异戊烷的峰面积及浓度之和可以计算出己烷、庚烷及更重组分的含量。

将每个组分的原始含量值乘以 100,再除以所有组分原始含量值的总和,即为每个组分归一的摩尔百分含量，所有组分值的原始含量总和与 100.0％的差值不应该超过 1.0％。

　　测定氧气、氮气等含量时，则常用一根吸附柱如 13X 分子筛（60～80 目，长 2m），来分离氧气、氮气和甲烷等组分，其典型色谱图如图 6-3 所示。再用一根或两根分配柱分离其他烃类组分。同样待正戊烷出峰后，反吹色谱柱，使己烷及更重的组分尽快出峰。测量样品谱图中各组分的峰高或峰面积，用在同样条件下得到的标准气的谱图进行比较，可以得到相应组分的浓度。

　　用于天然气组成分析的分配柱有：①25％BMEE［双-2-(2-甲氧基乙氧基)乙基醚］/chromosorb P（红色硅藻土载体），7m（柱长）；②silicone 200/500（硅油）/Chromosorb PAW（红色酸洗硅藻土载体），10m；③3m DIDP（邻苯二甲酸二异癸酯）＋6m DMS（3,4-二甲基环丁砜）；④squalane（角鲨烷）/chromsorb PAW（红色酸洗硅藻土载体），80～100 目，3m。

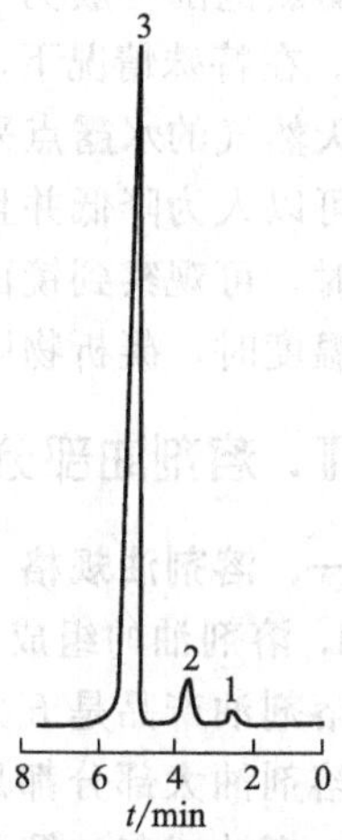

图 6-3　分离氧、氮和甲烷的典型色谱图
1—氧气；2—氮气；3—甲烷

三、天然气中硫化氢含量的测定

　　目前，可用于天然气中硫化氢含量测定的标准有三项国家标准，它们是 GB/T 11060.1—1998 "天然气中硫化氢含量的测定（碘量法）"，GB/T 11060.2—1998 "天然气中硫化氢含量的测定（亚甲基蓝法）"，GB/T 18605.1—2001 "天然气中硫化氢含量的测定（醋酸铅反应速率单光路检测法）"。

1. 碘量法

　　以过量的乙酸锌溶液吸收气样中的硫化氢，生成硫化锌沉淀，然后加入过量的碘溶液，氧化生成的硫化锌，剩余的碘用硫代硫酸钠标准溶液滴定。该方法准确可靠，测量范围广，不足之处是对低含量的硫化氢取样时间较长，且手工操作不利于分析数据的数据化采集与传输。

2. 亚甲基蓝法

　　用醋酸锌溶液吸收气样中的硫化氢，生成硫化锌沉淀，在酸性介质中和 Fe^{3+} 存在下，硫化锌同 N,N-二甲基对苯二胺反应，生成亚甲基蓝。利用分光光度计测定生成的亚甲基蓝可以定量分析硫化氢，该法适用于低含量硫化氢样品的测定。

3. 醋酸铅反应速率法

　　该法是天然气中硫化氢分析的常用方法，适用于天然气中硫化氢的在线分析和实验室分析。当恒定流量的气体样品经湿润后从浸有醋酸铅的纸带上流过时，硫化氢与醋酸铅反应生成硫化铅，纸带上出现棕色色斑。反应速率和由此产生的颜色变化与样品中的硫化氢含量成正比。由仪器的光电系统检测色斑的强度，通过与已知浓度硫化氢标样和未知样在仪器上的读数来比较样品中的硫化氢含量。

四、天然气的其他指标检验

1. 高位热值

　　单位体积燃料完全燃烧时所放出的热量称为体积热值，单位 kJ/m³ 或 MJ/m³。高位发热值是天然气完全燃烧后，生成的水蒸气被全部冷凝成液态水时的热值。热值的测定通常用氧弹式量热计。

　　天然气标准中高位热值要求用计算的方法得到。[GB/T 11062—1998] 依据天然气组成分析 [GB/T 13610] 的数据、单个组分的热值通过加和性计算得到高位热值。

2. 水露点

　　天然气中含水分较多时，遇冷会有凝析物出现，不利于管道输送。经处理的管输天然气的水露点范围一般为 $-25 \sim 5℃$，在相应的气体压力下，水含量范围为 $50 \times 10^{-6} \sim 200 \times 10^{-6}$。在特殊情况下，水露点的范围可能更宽。

天然气的水露点采用专用湿度计测定，该湿度计通常带有一个镜面（一般为金属），其温度可以人为降低并且可准确测量。当样品气流经过该镜面时，镜面温度被冷却至有凝析物产生时，可观察到镜面上开始结露。当低于此温度时，凝析物会随时间的延长逐渐增加；高于此温度时，凝析物则减少直至消失，此时的温度即为通过仪器的被测气体的水露点。

Ⅱ. 溶剂油部分

一、溶剂油规格

1. 溶剂油的组成

溶剂油产品是五大类石油产品之一，与人们的衣食住行密切相关，其应用领域也不断扩大。溶剂油大部分都是各种烃类的混合物，就溶剂油整体而言馏分范围相当宽，分别包含于汽油、煤油或柴油馏分中，因此，常有汽油型溶剂油或煤油型溶剂油之称。但就具体的溶剂油来说，有时馏分又很窄，这是与汽、煤、柴油的重要区别之一。我国生产溶剂油的原料主要有三种：催化重整抽余油、油田稳定轻烃和直馏汽油。按化学结构分，溶剂油则可分为链烷烃、环烷烃和芳香烃三种。

溶剂油是烃的复杂混合物，极易燃烧和爆炸。所以从生产、贮运到使用，都必须严格注意防止火灾的发生。

2. 溶剂油的技术规格

根据国家标准 GB 1922—1988，即按其 98% 馏出温度或干点划分溶剂油，常见的牌号有：70 号香花溶剂油、90 号石油醚、190 号洗涤剂油、260 号特种煤油型溶剂等。GB 1922—1988 所列的常见牌号溶剂油的质量指标见表 6-3。

表 6-3　溶剂油质量指标

项　　目		质　　量　　指　　标				试验方法
		70 号	90 号	190 号	260 号	
馏程						GB/T 255
初馏点/℃	≥	60	60	40	195	
50%馏出温度/℃	≤	—	—	140	—	
98%馏出温度/℃	≤	70	90	—	—	
干点/℃	≤	—	—	190	260	
碘值/(gI/100g)	≤	0.5	0.5	—	—	SY/T 243
芳香烃含量/%	≤	—	—	—	10	SH/T 0118
硫含量/%	≤	0.05	0.05	—	—	GB/T 380
闪点(闭口)/℃	≥	—	—	—	—	GB/T 261
闪点(开口)/℃	≥	—	—	—	65	GB/T 267
运动黏度(20℃)/(mm²/s)	≤	—	—	—	2.4	GB/T 265
腐蚀(铜片,50℃,3h)		—	—	合格	—	GB/T 378
油渍试验		合格	—	—	—	
机械杂质和水分		无	无	无	无	
水溶性酸或碱		无	无	无	—	GB/T 259
密度(20℃)/(kg/m³)	≤	—	—	—	810	GB/T 1884
外观		五色透明	无色透明	无色透明	无色透明	

注：1. 油渍试验方法：将溶剂油蒸馏试验的残留物，用小滤纸滤入干净的试管或量筒中，用吸管取其滤液，往清洁的滤纸上滴 3 滴，在室温下 $(20 \pm 3)℃$ 放置 30min，如滤纸上没有油渍存在，即认为合格。

2. 将试样注入 100mL 的玻璃量筒中，必须透明，不允许有悬浮物或沉淀的机械杂质和水。

3. 原标准中 120 号和 200 号已于 1992 年 4 月 1 日废止，故没有列出。

6号抽提溶剂油执行国标 GB 16629—1996 标准，橡胶工业用溶剂油、油漆工业用溶剂油、航空洗涤汽油采用石化行业标准 SH 0004—1990、SH 0005—1990、SH 0114—1992。除此之外，国内还生产许多牌号的溶剂油，其规格多采用企业自定标准，大部分企业标准来源于用户要求。

溶剂油的性质视其用途不同而有别，选择溶剂油应主要考虑其溶解性、挥发性及安全性。当然，根据其用途不同，其他的各项性能也不能忽略，有时甚至更重要。

由于溶剂油的组成类似于汽油和煤油，其技术指标大多相同或类似。如溶剂油的馏程、密度、硫含量、铜片腐蚀、水溶性酸碱等指标的试验方法和汽油相应试验方法完全相同；色度的试验方法和柴油及其他化工溶剂的试验方法相同。下面只介绍芳烃含量、溴指数等指标的试验方法。

二、溶剂油溴指数检验

1. 测定意义

溴指数是指在规定的试验条件下，与100g试样反应所消耗溴的质量（mgBr/100g）。溴指数可以说明油品中不饱和烃的含量。溴值高，表明油品中所含不饱和烃多，油品安全性差。有些产品标准要求测碘值，其作用与溴指数相似。

2. 检验方法

溴指数的测定方法较多，不同的产品有不同的要求。如橡胶工业用溶剂油标准（SH 004—1990）要求用 SH/T 0236—1992 法；油漆工业用溶剂油标准（SH 0005—1990）要求用 GB/T 11135—1989 法；6号抽提溶剂油标准（GB 16629—1996）要求用 GB/T 11136—1989 法。

SH/T 0236—1992 法是将试样溶解于滴定溶剂中，以甲基橙为指示剂，用溴酸钾-溴化钾标准溶液滴定至红色消失为止。用100g试样所消耗的溴的质量表示溴值。

GB/T 11136—1989 法用于测定馏程蒸馏终点在288℃以下、不含沸点低于−10℃轻馏分的烃类混合物和溴指数为100～1000的烃类物质。GB/T 11135—1989 法适用于测定90%馏出温度在327℃以下的石油馏分或溴值在95～165范围内的各种脂肪族单烯化合物、工业丙烯三聚物和四聚物等。两种方法都采用电位滴定法，滴定过程的温度都控制在0～5℃，只是在测定对象及取样量等方面有所区别。

三、烃类溶剂贝壳松脂丁醇值的检验

1. 测定意义

贝壳松脂丁醇值也称 KB 值，是表示烃类溶剂相对溶解能力的数值。测得的贝壳松脂丁醇值高，表示该溶剂的相对溶解能力强，反之则弱。

2. 测定方法

GB/T 11134—1989 规定了测定油漆、喷漆及有关产品中烃类溶剂相对溶解能力的方法。其做法是用溶剂滴定规定量的贝壳松脂正丁醇标准溶液，直至溶液产生标准度的沉淀（用标准的浑浊度观察卡片检查）为止，记录溶剂消耗量（以 mL 计），然后和用甲苯、75%的正庚烷和25%甲苯混合物这两种标准溶剂滴定规定量的贝壳松脂正丁醇溶液所得的体积比较。

25℃时将甲苯加入20g的贝壳松脂正丁醇溶液中，产生规定的浑浊度时所需的体积在（105±5）mL 时，规定其 KB 值为105；在同样条件下用75%正庚烷与25%甲苯混合液滴定，所消耗溶液的体积，规定其固定值为40。同样条件下用溶剂滴定至产生规定的浑浊度后，记下所消耗的试样体积。以式(6-7)计算试样的贝壳松脂丁醇值 X。

$$X = 65 \times \frac{V_3 - V_2}{V_1 - V_2} + 40 \tag{6-7}$$

式中 V_1——滴定 20g 贝壳松脂丁醇试剂所需要的甲苯的体积，mL；

V_2——滴定 20g 贝壳松脂丁醇试剂所需要的甲苯-正庚烷混合试剂的体积，mL；

V_3——滴定 20g 贝壳松脂丁醇试剂所需要的待测溶剂的体积，mL。

四、溶剂油芳烃含量检验

1. 测定意义

不同的溶剂油对芳烃的含量有不同的要求。如作为油漆溶剂油，其中芳香烃含量较高时，对油脂和树脂具有很强的溶解能力，但芳烃对人体的毒害大，为保证安全，必须控制芳烃含量不能大于 15%，但芳烃含量过少时，油漆因溶解能力差而出现分层现象，影响使用效果；70 号溶剂油是香精、食用香料和药物的专用萃取剂，由于香精、油脂都与人体健康有关，溶剂油中绝不允许含有毒物质。

2. 方法

油漆工业溶剂油（SH 005—1990）和 260 号溶剂油中芳烃含量的测定方法用 SH/T 0118—1992，该方法操作相对简单，测定范围较大；6 号抽提溶剂油和橡胶工业用溶剂油（SH 004—1990）标准中芳烃含量采用 GB/T 0166 测定，这是一种用聚乙二醇-400 或 1,2,3,4-四（氰基乙氧基甲基）甲烷为固定液的气相色谱分析法；如果溶剂中只含有苯，且含量在 0.01%～1%（体积分数）范围内时，可以采用 GB/T 17474—1998 烃类溶剂中苯含量测定法（气相色谱法）。

SH/T 0118—1992 规定用硫酸抽出试样中的芳香烃，由抽出芳香烃前后试样的苯胺点，计算试样中芳香烃的含量，以质量分数表示。

◆ 学习情境七

石油蜡、沥青的检验技术

情境描述：

石油蜡是一种固态烃，主要成分为石蜡。它存在于原油、馏分油和渣油中，具有蜡的分子结构，熔点30～35℃。石油蜡是由含蜡馏分油或渣油经加工精制得到的一类石油产品，包括石蜡、地蜡、液体石蜡、石油脂等。目前，石油蜡占蜡的总耗量的90％，其余为动植物蜡（如蜂蜡、羊毛蜡等，主要组成为高级脂肪酸和醇化合成的酯类）。石蜡又称晶形蜡，是从原油蒸馏所得的润滑油馏分经溶剂精制、溶剂脱蜡或经蜡冷冻结晶、压榨脱蜡制得蜡膏，再经溶剂脱油或发汗脱油，并补充精制得的片状或针状结晶。其中全精炼石蜡和半精炼石蜡用途很广，主要用作食品及其他商品的组分及包装材料，烘烤容器的涂敷料、化妆品原料，用于水果保鲜、提高橡胶抗老化性和增加柔韧性、电器元件绝缘、精密铸造、铁笔蜡纸、蜡笔、蜡烛、复写纸等。

沥青主要可以分为煤焦沥青、石油沥青和天然沥青三种。石油沥青是原油蒸馏后的残渣。石油沥青色黑，主要含有可溶于氯仿的烃类及非烃类衍生物，其性质和组成随原油来源和生产方法的不同而变化。石油沥青的主要组分是油分、树脂和地沥青质，还含2％～3％的沥青碳和似碳物，还含有蜡。沥青中的油分和树脂能浸润沥青质。沥青的结构以地沥青质为核心，吸附部分树脂和油分，构成胶团。石油沥青按生产方法分为：直馏沥青、溶剂脱油沥青、氧化沥青、调和沥青、乳化沥青、改性沥青等；按外观形态分为：液体沥青、固体沥青、稀释液、乳化液、改性体等；按用途分为：道路沥青、建筑沥青、防水防潮沥青、以用途或功能命名的各种专用沥青等。应用范围如交通运输（道路、铁路、航空等）、建筑业、农业、水利工程、工业（采掘业、制造业）、民用等各部门，用于涂料、塑料、橡胶等工业以及铺筑路面等。

学习目标：

1. 理解石油蜡和沥青的牌号、主要技术指标及用途；
2. 掌握石油蜡和沥青的主要技术指标的检验方法、原理；
3. 掌握石油蜡和沥青检验常用仪器的性能、使用方法和测定注意事项。

任务一 石蜡熔点的测定

一、任务目标

1. 解读石蜡熔点（冷却曲线法）的测定标准（GB/T 2539—2008）；
2. 掌握冷却曲线法测定石蜡熔点的方法和原理；
3. 掌握石蜡熔点（冷却曲线法）测定的操作技能。

二、测定仪器及试样

1. 仪器

试管（用钠-钙玻璃制作，外径25mm，壁厚2～3mm，长100mm，管底为半球形，在距试管底 50mm 处刻一环状标线，在距试管 10mm 处刻一温度计定位线）；空气浴（内径 51mm，深 113mm 的圆筒）；水浴（内径 130mm，深 150mm，空气置于水浴中，要求空气浴四周与水浴壁以及底部保持 38mm 水层。水浴测温孔要使温度计离水浴壁 20mm）；熔点温度计（1 支，符合 GB/T 2539—1981 附录 A 要求）；水浴温度计（1 支，半浸式，要求在使用范围内能准确到 1℃）；烘箱或水浴（温度控制能达到 93℃）。

2. 试样

石蜡（200g）。

三、实验步骤

1. 仪器的安装

按图 7-1 安装仪器。试管配以合适的软木塞，中间开孔固定熔点温度计，温度计插入试管，温度计 79mm 浸没段要插在软木塞下面，距管底 10mm。

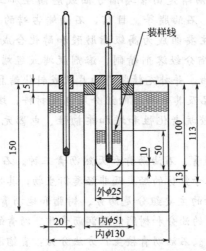

图 7-1　石蜡熔点（冷却曲线）测定器

2. 准备工作

将 16～28℃的水注入水浴中，使水面与顶部距离小于 15mm。在整个实验过程中，水温保持在 16～28℃。将试样放入洁净的烧杯中，在烘箱或水浴中加热到估计熔点的 8℃以上，或加热到试样熔化后再升高 10℃，或加热到 90～93℃。

3. 操作

将熔化的试样装到预热的试管至 50mm 刻线处，插入带温度计的软木塞，使温度计距试管底 10mm。在保证蜡温比估计熔点至少高 8℃的情况下，将试管垂直装在空气浴中。

4. 测定

每隔 15s 记录 1 次温度，估计到 0.05℃。当第一次出现 5 个连续数总差不超过 0.1℃时，试样冷却曲线出现平稳段，即为停滞期，停止实验。

四、计算及报告

计算上述 5 个数的平均值，取至 0.05℃。

重复测定的两次结果，最大差值不得超过 0.1℃。

取重复测定两次结果中较小值为试样的熔点。

五、注意事项

不可用明火或电热板直接加热试样。

六、考核评价

石蜡熔点测定的考核评价表

序号	考核项目	评分要素	配分	评分要点	扣分	得分	备注
1	石蜡熔点测定	任务单	10	书写规范 工作原理明确 设计方案完整			
2		仪器准备	20	试管 玻璃套管 水浴			
3		取样	10	试样均匀 装入试管			
4		安装	10	温度计 搅拌丝			
5		熔点测定	30	加热 搅拌 冷却			
6		记录	10	记录无涂改、漏写 精密度			
7		综合素质	10	工作态度 团队合作 发现问题、分析问题、解决问题的能力			
		重大失误	−10	损坏仪器			
	总评		100				

考评教师：　　　　　　　　　　　　　　　　　　　　　年　月　日

任务二　沥青软化点的测定

一、任务目标

1. 解读石油沥青软化点的测定标准（GB/T 4507—1999）；
2. 掌握石油沥青软化点测定的方法原理；
3. 掌握石油沥青软化点测定的操作技能。

二、仪器与试样

1. 仪器与材料

沥青软化点测定器［包括，环：两只黄铜肩或锥环，其形状及尺寸见图 7-2(a)；支撑板：扁平光滑的黄铜板，其尺寸约为 50mm×75mm；钢球：两只直径为 9.5mm，每只质量为 3.50g±0.05g；钢球定位器：用于使钢球定位于试样中央，其形状及尺寸见图 7-2(b)；支撑架：铜支撑架用于支撑两个水平位置的环，支撑架上环的底部距离下支撑板的上表面为 25mm，下支撑板的下面距离浴槽底部为 16mm±3mm，见图 7-2(c)，其安装见图 7-2(d)；温度计：应符合 GB/T 514—1983(1991)《石油产品试验用温度计技术条件》中沥青软化点专用温度计的规格技术要求，即测温范围为 30～180℃，最小分度值为 0.5℃的全浸式温度计；浴槽：可以加热的玻璃容器，其内径不小于 85mm，离加热底部的深度不小于 120mm］；电炉或其他加热器；加热介质（新煮沸过的蒸馏水：适于测定软化点为 30～80℃的沥青；甘油：适于测定软化点为 80～157℃的沥青）；隔离剂（以质量计，两份甘油和一份滑石粉调制而成）；刀（切沥青用）；筛（筛孔为 0.3～0.5mm 的金属网）。

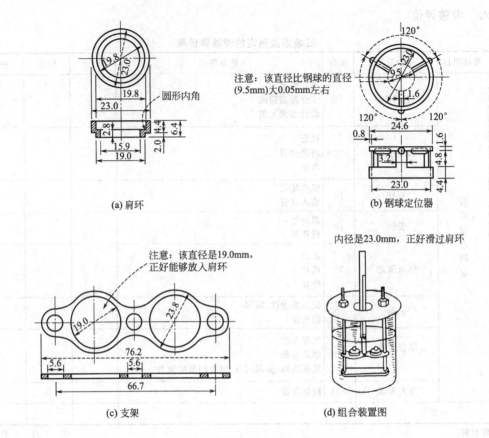

图 7-2　环、钢球定位器、支架、组合装置图

2. 试样

道路沥青或建筑沥青。

三、实验步骤

1. 准备工作

将试样环置于涂有一层隔离剂的金属板或玻璃板上。

2. 试样的预处理

将预先脱水的试样加热熔化，不断搅拌，以防止局部过热，加热温度不得高于试样估计软化点 110℃，加热时间不超过 30min，用筛过滤，从加热到倾倒温度的时间不超过 2h。

3. 取样

将试样注入黄铜环内至略高环面为止。试样在室温中至少冷却 30min，然后用热刀刮去高出环面的试样，使圆片饱满，并与环面齐平。

4. 加热介质的选择及准备

新煮过的蒸馏水适于软化点为 30～80℃的沥青试样，起始加热介质温度应为 5℃±0.5℃；甘油适于软化点为 80～157℃的试样，起始加热介质温度应为 30℃±1℃。

5. 安装装置

在通风橱内，按图 7-2(d) 安装好两个试样环、钢球定位器、温度计，浴槽装满加热介质，用镊子将钢球置于浴槽底部，使其与支架的其他部位达到相同的起始温度，然后再用镊子从浴槽底部将钢球夹住并置于定位器中。必要时，可用冰水冷却或小心加热，维持起始浴温达 15min。

6. 加热升温

从浴槽底部以恒定 5℃/min 的速度加热，在 3min 后，升温速度应达到 5℃/min±0.5℃/min。若温度上升速度超出此范围，则实验失败。

7. 软化点测定

当两个试环的球刚触及下支撑板时，分别记录温度计所显示的温度。取两个温度的平均值作为沥青的软化点。如果两个温度的差值超过 1℃，应重新试验。

四、精密度及报告

（1）水浴中的软化点转变为甘油浴中的软化点　当水浴中软化点略高于 80℃时，应转变为甘油浴软化点，石油沥青的校正值为＋4.5℃；煤焦油沥青为＋2.0℃。该校正只能粗略表示软化点的高低，欲得准确值应在甘油中重复试验。

（2）甘油浴的软化点转变为水浴中的软化点　当甘油浴中的石油沥青软化点低于84.5℃；煤焦油沥青软化点低于82℃时，应转变为水浴中的软化点，并在报告中注明。其中石油沥青的校正值为－4.5℃；煤焦油沥青为－2.0℃。

（3）重复性　两次结果的差数不得大于 1.2℃。

（4）再现性　两次结果之差不应超过 2.0℃。

取两个结果的平均值作为报告值，报告试验结果时同时报告浴槽中所使用加热介质的种类。

五、注意事项

1. 仪器必须符合规定

即钢球质量、支撑架与下支撑板、下支撑板与浴槽底部之间的距离等应为规定值；铜环平面应处于水平状态，温度计应符合 GB/T 514—1983（1991）《石油产品试验用温度计技术条件》。将温度计由支撑板中心孔垂直插入，水银球底部与铜环底部齐平，但不能接触环或支架。

2. 加热介质的选择

由于较高温度时水浴与甘油浴测定的软化点有明显差别，因此标准中规定软化点在30～80℃范围内用蒸馏水做加热介质，软化点在 90～157℃范围内用甘油做加热介质。

3. 加热温度、时间的控制

沥青试样熔化时，不得超过标准中规定的温度和时间。如果加热温度过高，将使沥青中的油分蒸发并促进氧化作用，使组分发生变化而改变沥青的性质，导致试样的软化点改变。

4. 升温速度的控制

升温速度过快，会使测定结果偏高，过慢会使测定结果偏低，因此要按规定的标准控制升温的速度。煤焦油沥青从加热到倾倒温度的时间不超过 30min，其加热温度不超过煤焦油沥青预计软化点 55℃。所有石油沥青试样的准备和测试必须在 6h 内完成。

5. 试样成型的状况

黄铜环内沥青试样成型状况对测定结果也有影响。要求试样不含水及气泡；试样注入环中时，若估计软化点在 120℃以上，应将铜环与支撑板预热至 80～100℃方可注入试样，然后将铜环放置在涂有隔离剂的支撑板上，否则沥青试样会从铜环中完全脱落；黄铜环内表面不应涂隔离剂，以防试样滑落；试样达到冷却时间后，应用热刀片刮去高出环面的试样，使与环面平齐，不允许用火烧平。

重复试验时，应在干净的容器中用新鲜样品制备试样。在任何情况下，如果水浴中两次测定温度平均值为 85.5℃或更高，则应在甘油浴中重复试验。在任何情况下，如果甘油浴中所测得的石油沥青软化点平均值为 80.0℃ 或更低，煤焦油沥青软化点平均值为 77.5℃ 或更低，则应在水浴中重复试验。

六、考核评价

沥青软化点测定的考核评价表

序号	考核项目	评分要素	配分	评分要点	扣分	得分	备注
1	沥青软化点测定	任务单	10	书写规范 工作原理明确 设计方案完整			
2		仪器准备	10	沥青软化点测定器 水浴			
3		取样	20	熔化试样 黄铜环制模			
4		安装	10	沥青软化点测定器			
5		软化点测定	30	加热速度			
6		记录	10	记录无涂改、漏写 精密度			
7		综合素质	10	工作态度 团队合作 发现问题、分析问题、解决问题的能力			
		重大失误	−10	损坏仪器			
	总评		100				

考评教师：　　　　　　　　　　　　　　　　　　　　　　　　　　　　年　月　日

任务三　沥青延度的测定

一、任务目标

1. 解读石油沥青延度测定的标准（GB/T 4508—2010）；
2. 掌握石油沥青延度测定的方法原理；
3. 掌握石油沥青延度测定的操作技能。

二、仪器和试样

1. 仪器

模具（试件模具由黄铜制造，由两个弧形端模和两个侧模组成，组装模具如图 7-3 所示）；水浴（水浴能保持试验温度变化不大于 0.1℃，容量至少为 10L，试件浸入水中深度不得小于 10cm，水浴中设置带孔搁架以支撑试件，搁架距浴底部不得小于 5cm）；延度仪（要求仪器在启动时应无明显的振动）；温度计（0～50℃，分度为 0.1℃ 和 0.5℃，各 1 支）；筛孔为 0.3～0.5mm 的金属网；隔离剂 [由两份甘油和一份滑石粉（以质量计）调制而

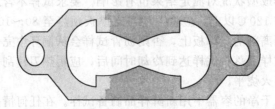

图 7-3　延度仪模具

成）；支撑板（金属板或玻璃板，一面必须磨光至表面粗糙度为 R_a0.63）。

2. 试样

道路沥青或建筑沥青。

三、实验步骤

1. 模具的处理

将模具组装在支撑板上，将隔离剂涂于支撑板表面及侧模的内表面，以防沥青沾在模具上。板上的模具要水平放好，以使模具的底部能够充分与板接触。

2. 装试样

小心加热试样，以防局部过热，直到完全变成液体能够倾倒为止。把熔化的试样过筛，在充分搅拌后，把试样倒入模具中，在组装模具时要小心，不要弄乱配件。在倒样时使试样呈细流状，自模具的一端至另一端往返倒入，使试样略高出模具，将试件在空气中冷却30～40min，然后放在规定温度的水浴中保持 30min 取出，用热的直刀或铲将高出模具的沥青刮出，使试样与模具齐平。

3. 试样恒温

将支撑板、模具和试件一起放入水浴中，并在 25℃±0.5℃ 的试验温度下保持 85～95min，然后从板上取下试件，拆掉侧模，立即进行拉伸试验。

4. 试样拉伸

将模具两端的孔分别套在实验仪器的柱上，然后以 5cm/min±0.25cm/min 的速度拉伸，直到试件拉伸断裂。

5. 测定

正常的试验应将试样拉成锥形，直至在断裂时实际横断面面积接近于零。测量试件从拉伸到断裂所经过的距离，以 cm 表示。

四、精密度及报告

按下述规定判断试验结果的可靠性（置信度 95%）：

（1）重复性　两次结果不超过平均值的 10%。

（2）再现性　两次结果不超过平均值的 20%。

若三个试件测定值在其平均值的 5% 内，取平行测定三个结果的平均值作为测定结果。若三个试件测定值不在其平均值的 5% 以内，但其中两个较高值在平均值的 5% 之内，则弃去最低测定值，取两个较高值的平均值作为测定结果，否则重新测定。

五、注意事项

1. 仪器的工况

滑板移动速度是否符合要求，标尺刻度是否正确，电机转动时不应造成整台仪器震动等。

2. 加热温度、时间的控制

沥青熔化温度过高或加热时间过长，会影响沥青的性质，导致测定结果偏低。石油沥青试样加热至倾倒温度时的时间不超过 2h，其加热温度不超过预计沥青软化点110℃；煤焦油沥青从加热到倾倒温度的时间不超过 30min，其加热温度不超过煤焦油沥青预计软化点 55℃。

3. 试样拉伸形状

试样拉成细线后是否呈直线延伸，对结果也会产生影响。当沥青细线浮于水面或沉入槽底，不能呈直线延伸时，应向水槽中加入乙醇或食盐水来调整水的密度，使沥青材料既不浮于水面，又不沉入槽底；试验时，试件距水面和水底的距离不小于 2.5cm。

4.试样成型状况

试样在模具内成型状况对测定结果也有影响，要求试样不含水及气泡；过滤后的试样应由模具的一端到另一端往返注入，保持均匀无死角，并使沥青高出模具。

5.试验温度

试样应在冷却至25℃的条件下进行延伸试验。若冷却温度低于此规定值，则测定结果偏低，反之则偏大。要按规定将支撑板、模具和试样在25℃±0.5℃的恒温水浴中保持85～95min，然后再进行试验。

如果三次试验得不到正常结果，则报告在该条件下延度无法测定。

六、考核评价

沥青延度测定的考核评价表

序号	考核项目	评分要素	配分	评分要点	扣分	得分	备注
1	沥青延度测定	任务单	10	书写规范 工作原理明确 设计方案完整			
2		仪器准备	20	延度仪 模具 水浴			
3		取样	20	熔化试样 模具制模			
4		安装	10	模具安装			
5		延度测定	20	恒速拉伸			
6		记录	10	记录无涂改、漏写 精密度			
7		综合素质	10	工作态度 团队合作 发现问题、分析问题、解决问题的能力			
		重大失误	－10	损坏仪器			
	总评		100				

考评教师：　　　　　　　　　　　　　　　　　　　　　　　　年　　月　　日

任务四　沥青针入度的测定

一、任务目标

1.解读石油沥青针入度测定的标准（GB/T 4509—2010）；

2.掌握石油沥青针入度测定的方法原理；

3.掌握石油沥青针入度测定的操作技能。

二、仪器与试样

1.仪器

针入度计（凡能使针连杆在无明显摩擦下垂直运动，并能指示穿入深度精确到0.1mm的仪器均可使用。针连杆质量应为47.5g±0.05g，针和针连杆组合件总质量为50g±0.05g。针入度计附带50g±0.05g和100g±0.05g砝码各1个。仪器设有放置平底玻璃皿的平台，并有可调水平的机构，针连杆应与平台垂直。仪器设有针连杆制动按钮，紧压按钮针连杆可以自由下落。针连杆要易于拆卸，以便检查其质量）；标准针（标准针应由硬化回火的不锈钢制成，洛氏硬度为 54～60，尺寸要求见图 7-4，针长约 50mm。针应牢固地装在箍上，针尖及针的任何部分均不得偏离箍轴 1mm 以上。针箍及其附件总质量为 2.50g±0.05g。每个针箍上打印单独的标志号码。为了保证试验用针的统一性，国家计量部门对每根针都应附有国家计量部门的检验单）；试样皿（金属或玻璃的圆柱形平底皿，尺寸见表 7-1）；恒温水浴（容量不少于 10L，能保持温度在试验温度下控制在 0.1℃范围内。距水底部 50mm 处有一个带孔的支架。这一支架离水面至少有 100mm。在低温下测定针入度时，水浴中装入盐水）；平底玻璃皿（平底玻璃皿的容量不小于 350mL，深度要没过最大的试样皿。内设一个不锈钢三角支架，以保证试样皿稳定）；计时器（刻度为 0.1s 或小于 0.1s，60s 内的准确度达到±0.1s 的秒表）；温度计（液体玻璃温度计，刻度范围 0～50℃，分度值为 0.1℃。温度计应定期按液体玻璃温度计检验方法进行校正）；筛（筛孔为 0.3～0.5mm 的金属网）；可控制温度的密闭电炉；熔化试样用的金属容器。

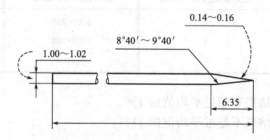

图 7-4　沥青针入度试验用针

表 7-1　金属或玻璃圆柱形平底皿的尺寸

针入度/(1/10mm)	直径/mm	深度/mm
＜200	55	35
200～350	55	70
350～500	50	60

2. 试样

道路沥青或建筑沥青。

三、试验步骤

1. 试样预处理

小心加热试样，不断搅拌以防局部过热，直到试样能够流动。将试样倒入预先选好的两个试样皿中，试样深度应大于预计穿入深度 10mm。

2. 试样恒温

松松地盖住试样皿以防灰尘落入。在 15～30℃的室温下冷却 1～1.5h（小试样皿）或 1.5～2.0h（大试样皿），然后将两个试样皿和平底玻璃皿一起放入恒温水浴中，水面应没过试样表面 10mm 以上。在规定的试验温度下冷却。小试样皿恒温 1～1.5h，大试样皿恒温 1.5～2.0h。

3. 调试仪器

调节针入度计水平，检查针连杆和导轨，确保上面没有水和其他物质。先用合适的溶剂将针擦干净，再用干净的布擦干，然后将针插入针连杆中固定，按试验条件放好砝码。

4. 测定操作

将已恒温到试验温度的试样皿和平底玻璃皿取出，放置在针入度计的平台上。慢慢放下针连杆，使针尖刚刚接触到试样的表面，必要时用放置在合适位置的光源反射来观察。拉下活杆，使其与针连杆顶端相接触，调节针入度计上的表盘读数指零。用手紧压按钮，同时启动秒表，使标准针自由下落穿入沥青试样，到规定的时间停压按钮，使标准针停止移动。拉下活杆，再使其与针连杆顶端相接触，此时表盘指针的读数即为试样的针入度，用 1/10mm 表示。

四、精密度及报告

取 3 次测定针入度的平均值作为实验结果（取至整数）。3 次测定的针入度值相差不应大于表 7-2 中的数值。

表 7-2   针入度测定结果的允许差值

针入度/(1/10mm)	最大差值/(1/10mm)	针入度/(1/10mm)	最大差值/(1/10mm)
0~49	2	250~350	8
50~149	4	350~500	20
150~249	6		

(1) 重复性   两次结果不超过平均值的 4%。

(2) 再现性   两次结果不超过平均值的 11%。

五、注意事项

1. 针入度计工况

试验前必须检查针入度计工况是否完好，即检查针连杆制动按钮压紧时，能否无阻力下滑；针连杆与砝码的质量是否符合标准规定；针入度计的水平调整螺丝应能自由调节，使针连杆保持垂直状态；刻度盘指针导轨中有无异物等。

2. 加热温度和时间的控制

过热和加热时间过长，都将导致试样性质的变化，或产生气泡，影响测定结果。要求石油沥青加热不超过软化点 90℃，焦油沥青加热不超过软化点 60℃，加热时间不超过 30min。

3. 试样中的气泡

倒入盛样皿中的试样，若有气泡应除净，否则测定结果将偏大。

4. 试验温度

试验温度是影响测定结果的主要因素之一，要求试样在室温和水浴中的冷却时间，就是为了控制试样的试验温度。试验温度过低，测得值偏小，反之则偏大。

5. 操作要规范

针尖与试样表面要恰好接触，每次穿入点的距离必须合乎规定。

6. 制动与启动秒表的协调性

测定时手压制动按钮和启动秒表应同步进行，否则将影响测定结果。

7. 同一试样至少重复测定 3 次

每一试验点的距离和试验点与试样皿边缘的距离都不得小于 10mm。每次试验前都应将试样和平底玻璃皿放入恒温水浴中，每次测定都要用干净的针。当针入度超过 200 时，至少用三根针，每次试验用的针留在试样中，直到三根针扎完时再将针从试样中取出。针入度小于 200 时，可将针取下，用合适的溶剂擦净后继续使用。

六、考核评价

沥青针入度测定的考核评价表

序号	考核项目	评分要素	配分	评分要点	扣分	得分	备注
1		任务单	10	书写规范 工作原理明确 设计方案完整			
2	沥青针入度测定	仪器准备	20	针入度计 试样皿 标准针 水浴			
3		取样	20	熔化试样 试样皿制模			
4		安装	10	针入度计安装			
5		针入度测定	20	时间要求			
6		记录	10	记录无涂改、漏写 精密度			
7		综合素质	10	工作态度 团队合作 发现问题、分析问题、解决问题的能力			
		重大失误	−10	损坏仪器			
总评			100				

考评教师： 年 月 日

【知识链接】

Ⅰ. 石油蜡部分

一、石油蜡规格

石蜡和微晶蜡是石油蜡的基本产品，现仅以此为例介绍其规格和使用性能。

1. 石蜡

石蜡按含油量和精制深度不同，分为粗石蜡、半精炼石蜡、全精炼石蜡和食品用石蜡等多个品种，前两者统称为精炼蜡。

其中，粗石蜡（GB/T 1202—97）按熔点分为 50、52、54、56、58 和 60 号 6 个牌号；半精炼石蜡（GB/T 254—1998）产量最大、应用最广，它按熔点分为 50、52、54、56、58、60 和 62 号 7 个牌号（见表7-3）；全精炼石蜡（GB 446—93）又称精白蜡，按熔点分为 52、54、56、58、60、62、66、70 号 8 个牌号；食品用蜡（GB7 189—94）按精制深度分为食品石蜡和食品包装石蜡两级，各自又按熔点分为 52、54、56、58、60 和 62 号 6 个牌号。

2. 微晶蜡

微晶蜡按产品颜色分级指标分为合格品、一级品和优级品，同时又按其滴熔点划分为 70、75、80、85 和 90 号 5 个牌号，见表7-4。

微晶蜡具有较好延性、韧性和黏附性，其密度、黏度与折射率均明显高于石蜡，而化学安定性较石蜡差。

表 7-3   半精炼石蜡指标

项　目		质量指标(GB/T 254—1998)							试验方法
		50 号	52 号	54 号	56 号	58 号	60 号	62 号	
熔点/℃	不低于	50	52	54	56	58	60	62	GB/T 2539
	低于	52	54	56	58	60	62	64	
含油量 w/%	不大于	1.8							GB/T 3554
色度/号	不低于	+17							GB/T 3555
光安定性/号	不大于	6				7			SH/T 0404
针入度	(25℃,100g)/(1/10mm)	不大于	23						GB/T 4985
	(35℃,100g)/(1/10mm)	报告							
运动黏度(100℃)/(mm²/s)		报告							GB/T 265
水溶性酸或碱		无							SH/T 0407
嗅味/号	不大于	2							SH/T 0414
机械杂质及水分		无							①

① 机械杂质及水分测定：将约 10g 石蜡放入容积为 100～250mL 的锥形瓶内，加入 50mL 初馏点不低于 70℃的无水直馏汽油，并在振荡下于 70℃的水浴内加热，直到石蜡熔解为止，将该溶液在 70℃的水浴内放置 15min 后，溶液中不应呈现眼睛可以看出的浑浊、沉淀或水分，允许溶液有轻微乳光。

表 7-4   微晶蜡质量指标

项　目		质量指标(SH 0013—1999)											试验方法
等　级		合　格　品			一　级　品				食　品　级				
牌　号		75	80	85	70	75	80	85	70	75	80	85	
滴熔点/℃	不低于	72	77	82	67	72	77	82	67	72	77	82	GB/T 8026
	低于	77	82	87	72	77	82	87	72	77	82	87	
针入度/(1/10mm) (25℃,100g) 不大于		30	20	18	30	30	20	18	30	30	16	14	GB/T 4985
(35℃,100g)		报告			报告				报告				
含油量 w/%	不大于	5			3				1.0				SH/T 0638
颜色/号	不大于	4.5			2.5				1.0				GB/T 6540
稠环芳烃,紫外 A/cm　280～289/nm 不大于　290～299/nm 不大于　300～359/nm 不大于　360～400/nm 不大于									0.15　0.12　0.08　0.02				GB/T 7363①
运动黏度(100℃)/(mm²/s)		10～20			不小于 6		10～20		不小于 6		10～20		GB/T 265
水溶性酸或碱		无			无				无				SH/T 0407

① 二甲基亚砜-磷酸抽出油的过滤，用 100mL G₂ 耐酸漏斗抽滤替代装有玻璃毛的玻璃漏斗的过滤。

二、熔点、滴熔点

1. 石蜡的熔点

石蜡是多种烃类的混合物，不具有恒定的熔点。所谓石蜡的熔点是指在规定条件下，冷却已熔化的石蜡试样时，冷却曲线上第一次出现停滞期的温度。熔点是石蜡最主要的质量指标，是产品牌号的划分依据，也是用户选用时的主要参数。石蜡在塑造各种产品过程中，首先要加热到超过熔点温度，然后塑制造型、浸渍涂敷或渗透到各种包装材料内，因此要求石蜡有良好的耐温性，即在特定的温度下不熔化或软化变形。

石蜡熔点的测定按 GB/T 2539—2008《石油蜡熔点的测定　冷却曲线法》进行。

2. 微晶蜡的滴熔点

滴熔点是指在规定的条件下，将已冷却的温度计垂直浸入试样中，使试样黏附在温度计球上，然后将附有试样的温度计置于试管中，水浴加热至试样熔化，当试样从温度计球部滴落第一滴时温度计的读数即为试样的滴熔点。滴熔点是划分微晶蜡、凡士林产品牌号的依据。

滴熔点的测定按 GB/T 8026—87《石油蜡和石油脂滴熔点测定法》进行，该标准等效采用 ISO 6244-1982，适用于测定石油蜡和凡士林的滴熔点。

测定时，取具有代表性的试样，在洁净的烧杯中缓慢熔化，直至温度达到 93℃ 或达到比预计滴熔点高 11℃ 左右。将试样放入平底耐热容器中，使试样厚度达到 12mm±1mm，用一般实验室温度计测量试样温度，调节至高出预期滴熔点 6～11℃，再把一支试验用温度计球部冷却到 4℃，迅速擦干并小心将温度计的球部垂直插入热试样中，直至碰到容器的底部（浸没 12mm），然后立即提取温度计，垂直握住，让空气冷却至温度计球表面浑浊。

在试管底部放入一张圆形白纸，用软木塞把制备好的温度计固定于试管中，使温度计及管身成垂直状态，并使温度计的球顶端距试管底白纸 15mm，将试管浸入温度 16℃ 的水浴中，调节试管高度，使温度计的浸没线与水平面相平。水浴以 2℃/min 的速度加热至 38℃，然后以 1℃/min 的速度升温到第一滴试样脱离温度计为止，记录此时温度。取平行测定两次结果的算术平均值，作为所测试样的滴熔点。

三、石油蜡针入度

石油蜡针入度是在规定条件下，标准针垂直穿入固体或半固体石油蜡的深度，以 1/10mm 表示。它是评价石油蜡硬度的质量指标。

石油蜡针入度的测定按 GB/T 4985—2010《石油蜡针入度测定法》进行，该标准等效采用 ASTM D 1321—04。

测定时，将试样加热至其凝点以上约 17℃，倒入成型器内，在控制的条件下，置于空气中冷却 1h，然后用水浴将试样控制在试验温度，再将针入度计的标准针在 100g 负荷下刺入试样 5s。取 4 次测定的算术平均值作为试样的针入度，精确到一个单位（1/10mm），同时报告试验温度。

Ⅱ. 石油沥青部分

一、石油沥青规格

石油沥青中产量最高的是道路石油沥青（约占 70%）和建筑石油沥青（约占 20%），下面主要介绍它们的规格和使用性能。

1. 道路石油沥青

我国道路石油沥青按针入度分为 200、180、140、100 甲、100 乙、60 甲及 60 乙 7 个牌号。其规格标准见表 7-5。

140～200 号沥青适用于寒冷地区使用，由于它对砂石料有良好的浸润性、黏结性及弹性，常用于道路的基础层，也用于喷洒浸透法进行道路施工和路面的修补，还是乳化沥青的基本原料。60～100 号适用于较热地区，它兼有上述用途外，主要用于路面上封层的铺设，也可用作生产油毡纸及防潮纸的浸渍材料、木材防腐、管道防锈涂料及建筑工程的防潮、防水层使用等；60 号道路沥青还用在加热混合法铺装沥青混凝土路面的砂石结合料上。100～180 号适用于温带地区。

表 7-5　道路石油沥青质量指标

项　目		质量指标(SH 0522—2000)					试验方法
		200 号	180 号	140 号	100 号	60 号	
针入度(25℃,100g,5s)/(1/10mm)		200～300	150～200	110～150	80～110	50～80	GB/T 4509
延度(25℃)/cm	不小于	20	100①	100①	90	70	GB/T 4508
软化点(环球法)/℃		30～45	35～45	38～48	42～52③	45～55③	GB/T 4507
溶解度/%	不小于	99.0	99.0	99.0	99.0	99.0	GB/T 11148
闪点(开口)/℃不低于		180	200	230	230	230	GB/T 267
蒸发后针入度比②/%	不大于	50	60	60	—	—	GB/T 4509
蒸发损失(163℃,5h)/%	不大于	1	1	1	—	—	GB/T 11964

① 当 25℃延度达不到 100cm 时，如 15℃延度不小于 100cm，也认为是合格的。
② 蒸发损失后针入度与蒸发前针入度之比乘以 100，即为蒸发后针入度比。
③ 甲、乙牌号之间只是软化点有所不同，这里显示的是全部范围。

重交通道路沥青（GB/T 15180—2000）适用于各种路面，特别是高速、高负荷的高等级路面、机场路面等，以及作为乳化沥青、稀释沥青和改性沥青的原料。

2. 建筑石油沥青

我国建筑石油沥青按针入度分为 10、30 及 40 号三个牌号，其规格指标见表 7-6。

表 7-6　建筑石油沥青质量指标

项　目		质量指标(GB/T 494—2010)			试验方法
		10 号	30 号	40 号	
针入度(25℃,100g,5s)/(1/10mm)		10～25	26～35	36～50	GB/T 4509
延度(25℃,5cm/min)/cm	不小于	1.5	2.5	3.5	GB/T 4508
软化点(环球法)/℃	不低于	95	75	60	GB/T 4507
溶解度(三氯甲烷、三氯乙烯、四氯化碳或苯)/%	不小于	99.5			GB/T 11148
蒸发损失(163℃,5h)/%	不大于	1			GB/T 11964
蒸发后 25℃针入度比/%①	不小于	65			
闪点(开口)/℃	不低于	260			GB/T 267
脆点/℃		报告			GB/T 4510

① 测定蒸发损失后试样的 25℃针入度与原 25℃针入度之比乘以 100% 即为蒸发后针入度比。

建筑石油沥青主要用作建筑屋面和地下防水的胶结料及制造涂料、油毡、油纸和防腐材料等。

石油沥青的主要质量指标针入度、软化点和延度，统称三大指标。

二、针入度

沥青针入度用标准针在一定的载荷、时间及温度条件下垂直穿入沥青试样的深度来表示，单位为 1/10mm。沥青针入度是反映沥青在一定温度下软硬程度的指标。沥青针入度越大，说明沥青黏稠度越小，沥青就越软。我国用 25℃的针入度划分沥青牌号。对于道路沥青来说，根据针入度大小可以判断沥青和石料混合搅拌的难易。

沥青针入度的测定按 GB/T 4509—2010《沥青针入度测定法》进行，本标准等效采用 ASTM D 5—2006，主要适用于测定针入度小于 350 的固体和半固体沥青材料；也适用于测定针入度为 350～500 的沥青材料，但条件略有差异。测定时，按规定加热试样并将试样倒入试样皿中，在 25.0℃±0.5℃ 和 5s 的时间内，荷重 100.0g±0.1g 的标准针垂直穿入沥青试样的深度，以 1/10mm 表示。

三、软化点

沥青的软化点是指在规定条件下，试样软化到一定稠度时的温度，以℃表示。软化点是表示沥青耐热性能的指标，能间接评定沥青使用温度范围，可用于沥青的分类。软化点低，说明沥青对温度敏感，延性和黏结性较好，但易变形。随着温度的升高，沥青逐渐变软，黏度降低。

软化点测定按 GB/T 4507—1999《沥青软化点测定法（环球法）》进行，本标准等效采用 ASTM D 36—1995，适用于测定软化点范围在 30～157℃的石油沥青和煤焦油沥青。

测定时按规定温度熔融试样，并注入两个规定尺寸的铜环内，冷却后用热刀刮去多余的沥青，加盖钢球定位器，其上面各置直径为 9.53mm，质量为 3.50g±0.05g 的钢球，于水或甘油浴中，以 5.0℃/min±0.5℃/min 的升温速度加热，沥青受热软化变形，使两个钢球下落至距离 25mm 的下支撑板时的温度平均值，即为沥青的软化点，以℃表示。

四、延度

所谓延度是指在规定的温度和拉伸速度下，将在模具内铸成规定形状的沥青试样拉伸至断裂时的长度，以 cm 为单位。延度是表示沥青在一定温度下受力拉伸至断裂前的变形能力的指标。延度的大小表明沥青的黏性、流动性，开裂后的自愈能力以及受机械应力作用后变形而不被破坏的能力。

延度测定按 GB/T 4508—2010《沥青延度测定法》进行，该标准等效采用 ASTM D 113—1999，适用于测定石油沥青和煤焦油沥青的延度。

参 考 文 献

[1] 王宝仁. 油品分析. 北京：高等教育出版社，2007.
[2] 孙乃有，甘黎明. 石油产品分析. 北京：化学工业出版社，2012.
[3] 王宝仁，孙乃有. 石油产品分析. 北京：化学工业出版社，2006.
[4] 中国石油天然气集团公司人事服务中心. 油品分析工. 东营：中国石油大学出版社，2009.
[5] 赵惠菊. 油品分析技术基础. 北京：中国石化出版社，2010.
[6] 廖克俭. 天然气及石油产品分析. 北京：中国石化出版社，2005.
[7] 廖克俭. 石油化工分析. 北京：化学工业出版社，2005.
[8] 中国石油化工股份有限公司科技开发部，中国标准出版社. 石油和石油产品试验方法国家标准汇编（2011上、下册）. 北京：中国标准出版社，2011.